ÉTUDES GÉOLOGIQUES ET DYNAMIQUES

LE SALUT

DES CHEMINS DE FER

ET DES VOYAGEURS

SYSTÈME HIPPROMIQUE

Nouveau Mode de Traction sur rails

APPLICABLE AU 4ᵉ RÉSEAU

En utilisant les bas côtés des grandes routes ordinaires

Cette nouvelle **Traction chevaline sur rails** prendra **rang** entre le **Chemin de fer à vapeur** et le **Système Américain**

OPUSCULE

Renfermant : un **Plan** de la Machine-motrice-hippromique; six gravures et une **Carte de France** indiquant les deux genres de Réseaux ferrés

PAR G. DORSO

PRIX : **1** FR. **50** CENTIMES

PARIS

Dépôt général : CHEZ M. J. BAUDET, | CHEZ M. DENTU, LIBRAIRE-ÉDITEUR,
LIBRAIRE, RUE DU CHERCHE-MIDI, 85 | GALERIE D'ORLÉANS, 17-19 (PALAIS-ROYAL)

Et chez les principaux **Libraires** de Paris et des départements

DE

CHEMIN DE FER

RENDANT POSSIBLE

L'EXPLOITATION LUCRATIVE DES NOUVELLES LIGNES A CONSTRUIRE.

INTRODUCTION

Je porte à la connaissance du public une Œuvre civilisatrice qui m'a successivement amené à lui consacrer dix-huit années de travaux incessants pour la rendre complète et perfectionnée. La solution du problème est aujourd'hui définitive.

Ce nouveau chemin aura pour le commerce, l'industrie et l'agriculture des avantages considérables, comme on le verra dans cet ouvrage ; et par cela même, mérite de fixer l'attention particulière de tout le monde.

Les moyens de transports qui facilitent les communications rapides et à bas prix sont les conditions premières du développement commercial des nations ; mais tous les systèmes employés jusqu'à ce jour sont déjà devenus insuffisants.

La traction à vapeur est si coûteuse qu'on ne peut l'appliquer dans les contrées peu fortunées, bien que les départements s'imposent extraordinairement pour fournir, par des subventions, les fonds d'établissement du tracé spécial de ce système.

Il ne pourra donc pas s'étendre en France comme en Angleterre et en Amérique, puisque les Compagnies ont reconnu que le trafic des petites lignes ne sera jamais assez rémunérateur pour fournir la traction, même par leur propre matériel.

Il faut donc un autre système de traction ; et celui que nous proposons, assurera :

1° La sécurité complète des voyageurs sur voies ferrées (comme on le verra plus loin).

1865

2° Une quintuple économie dans les prix des transports et des voyages sur terre ;

3° Une triple réduction des dépenses de l'État, des départements et des communes.

D'abord, en dégageant l'État des dépenses qu'il fait pour l'entretien des routes sur lesquelles sera établi notre chemin de fer, puisque ces routes seront entretenues aux frais des Compagnies d'exploitation du système hipprômique.

Puis, les départements et les communes seront également dispensés de toute subvention comme fonds perdus, puisque le nouveau chemin de fer pourra être établi sur les routes ordinaires, et n'aura besoin d'aucune subvention.

La France pourra donc se glorifier d'une découverte qui va donner à son commerce un immense développement par de nouveaux débouchés, et prouvera qu'elle possède aussi l'esprit d'initiative qui lui a été si souvent contesté.

Car on nous reproche nos hésitations et nos lenteurs à marcher tardivement dans la voie du progrès, lorsque les autres nations ont déjà trouvé dans ce vaste champ de lumières, une brillante réputation et une moisson florissante.

Toutes les particules du chemin de fer proposé sont entièrement nouvelles, depuis le simple coin de rail jusqu'à la machine motrice ; et de plus, il permettra d'exploiter avec profit le quatrième réseau, déjà abandonné par les Compagnies fondatrices.

La traction à vapeur, étant *huit fois* trop coûteuse pour desservir lucrativement les petites lignes de raccordement, oblige lesdites Compagnies à demander la séparation des grandes artères ferrées qui doivent compléter le réseau de 16,940 kilomètres.

Ainsi donc, l'opportunité de notre système est déjà toute démontrée, car il va combler avantageusement cette lacune, en remplissant l'effet essentiel du but proposé par les conseils généraux, et que le système à vapeur ne pourra jamais atteindre.

En conséquence, nous ajouterons cette dernière assurance, en disant : non-seulement le quatrième réseau pourra être desservi par le nouveau chemin de fer ; mais il y aura, en outre, un nouveau réseau ferré de 20,000 kilomètres qui pourra être exécuté avec profit pour tout le monde !

CHAPITRE PREMIER

PREMIÈRE SECTION.

Des Modes de transport en usage.

Toutes les nouvelles entreprises véhiculaires ont toujours donné à leur véhicule moderne un nouveau nom; témoins: le *Coche*, première voiture publique, inventée au XIVᵉ siècle en Hongrie, et dans la ville qui s'appelait alors Kotchi, puis Kotsée, et aujourd'hui Kitsée.

Plus tard, la *Berline* fut inventée à Berlin; cette voiture, de prime-abord, n'était pas suspendue; mais les Français ajoutèrent ce perfectionnement au XVIIᵉ siècle, pour faire le service de la poste; et cette voiture étant devenue insuffisante, dès le XVIIIᵉ siècle, par le progrès naissant, on improvisa :

La *Diligence* (dérivée de *diligentia*, promptitude à faire quelque chose), pour répondre aux nouveaux besoins du service des transports qui se multipliaient tous les jours, en dépit des routines enracinées.

Puis vint la *Locomotive*, qui supprima la diligence, parce que celle-ci ne pouvait déjà plus suffire à transporter les innombrables colis de marchandises que le Progrès multiplie à l'infini par ses mains merveilleuses.

Ainsi, voilà quatre nouvelles entreprises de transport sur routes, et voilà quatre modèles différents de voitures, ayant chacune un nouveau nom.

Eh bien, Français, j'ose espérer que nous aurons assez d'intelligence pour créer tout un nouveau mode de service véhiculaire ? Oui, certes; mais aurons-nous assez d'esprit pour récolter les premiers fruits ? Voilà ce qu'il s'agit de savoir.

Transport sur rails.

Ce nouveau système de traction rapide a promptement développé la prospérité des nations; bien qu'étant encore dans l'enfance, il est loin de répondre aux besoins du commerce et des relations publiques de toutes choses. Et ce sont les canaux, notamment les diligences, qui commencèrent ce développement de bien-être, vers le milieu du XVIᵉ siècle, dont Henri IV fut le premier promoteur.

Que sera-ce donc ! quand cette nouvelle locomotion rapide sur rails sera devenue propriété nationale et n'appartenant à aucune coterie de gens? C'est alors que ses effets de prospérité seront prodigieux pour notre pays !... car il suffit de jeter un coup d'œil rétrospectif sur l'histoire industrielle des Américains et des Anglais pour comprendre de suite l'immense portée que peut avoir, en quelques années, une nouvelle locomotion sur rails.

D'autant mieux qu'il est avéré que le chemin de fer à vapeur fut tout récemment *composé de différents appareils déjà connus,* et qu'il fut expérimenté en 1828, puis construit et exploité par nos voisins d'outre-Manche; que le premier essai fut fait chez nous en 1834, sur la ligne de Saint-Germain, laquelle a été établie par les Anglais et *avec* leurs *capitaux* ; que les Français n'ont pas mis la main à l'œuvre, ni le nez dans son administration.

Mais le rail proprement dit, soit barre de bois ou de fer, n'est pas une invention anglaise ; le premier spécimen nous vient d'Égypte ; et alors cette invention, fille de la Nécessité, appartient donc de droit aux Égyptiens.

C'est pour construire les formidables monuments de Memphis et de Thèbes, dans cette période de 1680 à 1440 ans avant notre ère, que les Égyptiens furent forcés de se procurer un système de chemin uni, ferme, solide et portatif à la fois.

Et cela à cause des crues périodiques du Nil, qui, devenues considérables à cette époque, envahissaient les deux rives sur une grande étendue, et les couvraient de limon qui rendait les transports de matériaux impraticables. Alors, pour obvier à cet inconvénient, les architectes égyptiens improvisèrent une espèce de *couchis* en bois qui leur servait de chemin uni pour transporter leurs matériaux, à l'aide de chariots poussés par des hommes.

Mais ces planches mises à plat furent promptement creusées par les roues des chariots ; puis le hasard voulut qu'un chariot fût trop grand pour rouler sur les planches, et les roues portèrent sur les brancards du couchis. Or, pour empêcher ce chariot de tomber dans la vase, on cloua tout simplement de petites planchettes contre lesdits brancards, et voilà la voie en bois trouvée ; car on reconnut de suite un allégement dans la traction.

Ce *phénomène*, comme on disait alors, fit naître l'idée aux architectes égyptiens de mettre des bandes plates en fer sur les brancards du couchis ; mais elles offraient une grande difficulté de démontage à chaque rechange : il fallait déclouer ces barres de fer, les reclouer ensuite, lorsque les couchis étaient replacés l'année suivante... Aussi ce mode de transport provisoire ne survécut-il pas à la construction des monuments égyptiens.

Du reste, à part ces mille inconvénients, les caravanes étaient trop en vogue à cette époque pour admettre des chariots *bas*, mal construits et très-laids, à côté des chameaux baldaquinés et des éléphants richement caparaçonnés de guirlandes et de draperies dorées.

Voilà la véritable naissance de la voie en bois et en fer ; mais depuis 1440 ans avant Jésus-Christ jusqu'à 1630 de notre ère, elle fut complétement perdue pour les générations ; et, certes, les Égyptiens étaient à mille lieues de penser qu'un jour leurs couchis *ferrés* feraient tant de *bruit* et de boulversement en Europe.

Enfin, 3,070 ans se passent dans le sublime de la civilisation grecque, laquelle fut noyée dans le sang des turpitudes romaines et du moyen âge... Puis, tout à coup, la divine baguette de la Providence frappe les esprits, et fait rejaillir de bonnes idées qui se régénèrent comme les nations mères des grands continents.

Car en 1630 de notre ère, un nommé Beaumont, d'Orléans, en voyant fabriquer une *reillière* de moulin à eau, conçut l'idée d'en faire autant pour les chariots qu'il construisait. Il fut communiquer son idée à ses confrères charrons et menuisiers ; mais ceux-ci se mirent à rire de sa bonhomie, et lui tournèrent le dos.

Vexé de leurs dédains, il plaça dans sa cour deux belles planches encastrées à fleur de terre, et poussa dessus une petite charrette pour s'assurer si son idée était si mauvaise qu'on voulait bien le lui dire ; mais cette charrette ne fut pas plus tôt lancée sur ces planches unies, qu'il s'aperçut de suite d'un notable allégement dans le roulement. Alors, tout joyeux, il appela charrons, charpentiers, menuisiers, etc., pour venir juger par eux-mêmes de la vérité ; lesquels reconnurent en effet du vrai dans sa manière de procéder...

— Mais, dirent-ils, l'idée est impossible ! car tout l'or et l'argent de la France ne suffiraient pas pour construire des *chemins en bois !*..... Voilà donc l'argument de la routine d'alors ; on craignait de dépenser cent francs pour avoir cent mille francs plus tard.

O ridicule scepticisme ! aujourd'hui la France possède 10,500 kilomètres de *Chemins en fer*, et pourtant, je t'assure qu'elle n'est pas ruinée !

Enfin Beaumont, dégoûté de la bêtise humaine dans son pays, vint à Paris, croyant mieux réussir ; mais il ne fut pas compris ; on le qualifiait même de maniaque, etc., etc. Enfin, il rencontra un Anglais qui l'écouta favorablement et lui donna rendez-vous.

Le lendemain, ce rusé Anglais lui offrit le voyage de Londres; et Beaumont, fatigué des dédains précités, aurait été volontiers au bout du monde, tant il était joyeux de pouvoir mettre son idée fixe à jour, et suivit l'Anglais dans son pays. Il arriva aux mines de Newcastle; on fabriqua sous ses ordres deux reillières en bois qu'on plaça dans le sol, et l'on fit rouler un chaldron (chariot) alternativement sur le sol et sur les reillières : on constata de suite un tel allégement dans l'effort de traction, que l'idée fut adoptée séance tenante.

Mais cette double reillière en bois, avec une joue de chaque côté, comme on voit par la fig. 1re, se remplissait de boue et nécessitait de fréquents nettoyages; alors on enleva la joue intérieure de chaque reillière, et l'on mit sur les doublettes du centre une bande de fonte qui, moins poreuse que le bois, devait moins conserver la boue. Voir fig. 2.

Le chaldron ne fut pas plus tôt lancé sur ces bandes métalliques, qu'un cri de satisfaction sortit de la poitrine des manœuvres; et cette première expérience démontra qu'un seul mineur traînait un poids tel, que dix hommes avaient de la peine à remorquer sur le sol.

On a d'abord mis des *plabandes* en fonte; mais les ruptures fréquentes de celles-ci obligèrent les mineurs à mettre des *barres* de fer, à surfaces convexes, appelées *rails*, et qu'on prononce *rèle* en anglais, par le motif qu'on verra tout à l'heure.

VUE EN COUPE DES DEUX SYSTÈMES DE VOIES EN BOIS OU EN FER.

Fig. 1re Vue par bouts des rails en bois.

Fig. 2, même vue.

O représente la barre de fonte, et plus tard de fer.

Voilà comment la voie ferrée fut établie définitivement en Angleterre; voilà le service actif, la prospérité extraordinaire que Beaumont institua chez nos voisins, et il fut perdu pour nous comme inventeur et comme Français.

Or, les barres de bois, de fonte ou de fer, constituant la voie ferrée, ayant été appelées reille, puis reils, et ensuite rails, il nous paraît juste de conserver l'orthographe primitive, comme ayant donné naissance au mode de transport sur reils en Europe.

DEUXIÈME SECTION.

Effet utile des Moteurs connus.

Jusqu'à l'année dernière, on avait pensé qu'il était possible de produire un appareil électrique d'une force de deux chevaux. Des essais de toutes sortes ont été faits pour atteindre ce but; mais la cherté des acides, seuls aliments de ce moteur, empêchera toujours son succès comme machine motrice, même de deux chevaux.

Un mécanicien de Paris avait aussi prétendu avoir fait une machine de la force d'un cheval qui dépensait quelque chose comme 12 fr. par jour; mais un physicien lui prouva que sa machine n'avait même pas la force d'un demi-cheval.

L'électricité a vraiment une rapidité étonnante, mais elle n'aura jamais une grande puissance dynamique, à moins de dépenser beaucoup d'argent.

Moteur Lenoir. — Il est tout semblable à une machine à vapeur : cylindre, piston et double tiroir, dont l'un fait entrer dans le cylindre l'air naturel, et l'autre du gaz d'éclairage qui, étant allumé par une étincelle électrique, fait explosion et chasse le piston au bout du cylindre avec une force relative à sa grosseur.

Il lui faut 50 cent. cubes de gaz par heure et par force de cheval; plus, une pile électrique qui dépense environ 50 centimes par dix heures de travail; mais il lui faut 150 litres d'eau courante par heure et par cheval pour refroidir constamment le cylindre; sans quoi il rougirait par le frottement du piston.

Or, pour les petits ateliers, ce système n'est pas mauvais, jusqu'à la force de deux chevaux; car, dans ce cas, la dépense de la journée de 10 heures est de 10 mètres cubes de gaz à 30 cent. le mètre, soit : 3 fr. de gaz; 50 cent. d'électricité; et 3,000 litres d'eau *courante*. Mais à la force de trois chevaux il dépense déjà plus que la vapeur.

Moteur Bélou. — A air chaud; il est à double équipage de cylindres, dont un sert de force propulsive et l'autre de régulateur cinethmique du mécanisme.

Pour les machines fixes, à 60 vibrations par minute, il lui faut environ un kilogr. de charbon (Charleroi) par heure et par force de cheval, à cause des nombreux frottements de ce moteur pyrobaliste; car s'il n'a pas de vapeur, il lui faut du feu, servant à dilater l'air dans le cylindre propulseur pour produire la force motrice.

L'arbre de couche est armé de deux gros volants pour régulariser le mouvement et donner une mise en train considérable. A la vitesse de 60 tours par minute, il ne brûle guère qu'un kilogr. de charbon par heure; mais dès que la vitesse augmente, dans le rapport de 1 à 5 vibrations par seconde, le foyer prend une intensité excessive, en raison de la vitesse; ce qui double, triple, quadruple et quintuple la combustion.

D'où il résulte que, si l'on voulait construire une locomotive ordinaire avec ce système, elle pèserait forcément 45,000 kilogr., et brûlerait 5 kilogr. de charbon par heure et par force de cheval; qui, à 3 centimes le kilogr., feraient 4 fr. 50 c. par heure de dépense calorique.

Ce moteur à feu, de trente chevaux, absorberait donc, sans compter la graisse et l'usé, qui seraient aussi considérables qu'avec les locomotives actuelles, environ 9 kilogr. $^1/_3$ de charbon par kilomètre à parcourir.

On ne pourrait donc compter sur ces moteurs pour remorquer les trains hipprômiques.

Mais pour toute machine fixe, à 60 vibrations par minute, ce moteur a réellement (comme le moteur Lenoir) trois avantages sur la vapeur : d'abord, économie de 12 kilogr. de charbon sur 72 kilogr. consommés par les machines en usage; puis, pas de cheminée ni de chaudière, ni aucune autorisation pour l'appliquer. Point essentiel pour toutes les industries en chambre.

Mais supposons que de nouvelles machines pyrobalistes fussent des prodiges d'économie, ce qui est impossible, car le feu détruit promptement tout ce qui l'environne, ces pyrobalistes, dis-je, ne pourraient pas circuler sur les routes ordinaires qui traversent de nombreux villages, à cause du feu, qui certes ne manquerait pas d'allumer de fréquents incendies.

Système américain. — C'est tout bonnement un omnibus traîné par deux chevaux, et qui roule sur deux rails à ornière placés au niveau du sol. Au moins, celui-ci n'est pas une copie calquée servilement sur la machine à vapeur du mécanicien Watt, comme Stéphenson, Lenoir, et Bélou ont été obligés de faire; car le système américain n'a pas de cylindre ni de piston non plus; mais il lui faut des relais à tous les myriamètres comme les diligences; et les chevaux trottent toujours sur le sol, comme les chevaux *messagériens*.

Puis ils ne peuvent parcourir plus de 12 kilomètres par heure; et cette petite vitesse est maintenant insignifiante et même dérisoire, à côté de la locomotion à vapeur qui fait en moyenne 32 kilomètres à l'heure. Enfin, ce petit système américain peut encore vivre quelques années, si on a quelques milliers de francs à sacrifier.

Nous venons donc proposer un nouveau système de locomotion qui, sans avoir les inconvénients des systèmes précités, ne offre tous les avantages, comme on le verra au chapitre VII. Et c'est ce que nous appelons : le chemin de fer hipprômique.

Et comme ce mot est nouveau, nous allons donner sa valeur et sa signification, ainsi que celles des autres mots de nos appareils hipprômiques.

TROISIÈME SECTION.

Signification des mots techniques.

Expliquons d'abord nos termes; car, dans toute chose nouvelle, le néologisme est nécessaire, et disons de suite : Les Anglais nous ont imposé leurs noms de véhicules, tels que :

Locomoty (faculté de se déplacer); mais traction exprime mieux l'action de tirer un objet mobile; puis *Tender*, qui signifie garde-malade (de la locomotive).

Wagon, espèce de grand fourgon découvert (comme il était primitivement).

Mais il faudrait prononcer *ouagon*; car, en disant wagon, nous estropions le mot et nous tombons dans un double ridicule, sans profit pour notre réputation.

Est-ce que nous allons toujours rester à l'état de nation imitatrice ?

Car enfin, pourquoi ne dirions-nous pas *vecgil*, dérivé de *véhicule*, terme de physique qui sert à conduire... n'importe quoi ? Je propose donc ce mot pour désigner la calèche publique du nouveau chemin de fer en question.

Maintenant, la périphrase chemin de fer a bien son sens logique pour désigner un tracé spécial, pourvu de rails en fer, et ne servant uniquement de chemin qu'à la locomotion à vapeur; mais cette périphrase ne peut s'appliquer au système hipprômique, qui roulera sur les routes ordinaires appartenant à tout le monde; et, dans ce cas, ce n'est donc pas un chemin de fer pour la traction seule, mais une grande voie de communication pour toutes les voitures en général.

Or, si les Américains disent : *tramway* (rails à ornière), et les Anglais : *railway* (barre-voie), pourquoi ne dirions-nous pas aussi : *voidreils* (voie de reils), qui certes est bien aussi logique que les deux précédents ? Et ce mot *reil*, suivant l'étymologie primitive, aura l'avantage de provenir du radical Reillière, petit canal en bois qui conduit l'eau sous la roue à palettes d'un moulin, dont voici la figure :

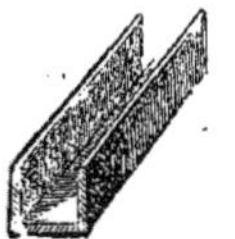

Radical que Beaumont nommait une *reille* (rail-creux); mais nous pouvons écrire *reil* au masculin et prononcer *rèle*, sans sortir de la langue française et sans rien emprunter aux autres nations. Du reste, si l'on dit encore *rail*, cette fausse orthographe vient des Anglais, qui emploient l'E pour l'A, et alors ils écrivent rail pour dire *reil*, comme ils écrivent Pape et prononcent Pèpe.

Ainsi, si les Français le veulent bien, nous changerons à l'avenir cette appellation étrangère, pour sortir de cet état d'imitateur; et cela non-seulement pour être logiques et conséquents avec nous-mêmes (en ce qui concerne la dénomination de nos véhicules), mais pour démontrer aussi que nous pouvons être une nation de premier ordre ! En conséquence, voici les nouvelles appellations que je propose à mes compatriotes :

Locomotive désignera la machine motrice du chemin de fer à vapeur, et *wagon* sera le nom générique des véhicules du même système. Le mot *Tracteur* (subst. masculin de traction) indiquera le remorqueur de notre chemin de fer hipprômique, et *Vecgil* sera le nom générique de nos nouveaux véhicules, de *voidreils*. Puis, pour désigner notre avant-train articulé, nous aurons ce mot : *Dévije*, composé du verbe *je dévie* (du droit chemin), parce que c'est un essieu tournant et déviant, mais tout différent de l'avant-train articulé des voitures; car, en adoptant le mot *train*, qui désigne une longue suite de wagons, nous ne pouvons plus dire : *avant-train*; parce qu'un *malin* pourrait nous répliquer ceci : — Ah ! oui, monsieur, c'est le *train* qui est parti *avant* celui-ci...

Il y aurait confusion de sens, et une pauvreté de plus dans notre langue.

De même le mot composé pour exprimer notre traction chevaline pourra être : *hipprômique*, fait de ἵππος (*ippos*, cheval) et de ῥώμη (*rhômé*, force, vigueur). Du reste, je ne suis pas le seul à enrichir notre langue du dérivé de ἵππος, puisque nous avons : *hippodrome* (cheval courant), *hippolyte* (dompteur de chevaux), *hippophage* (mangeur de cheval), et *hippophile* (ami du cheval).

Commentaires.

Je dis hipprômique, pour suivre l'exemple de nos savants linguistes ; mais il serait préférable de dire : *jonersique*, composé de notre langue primitive ; car enfin, pourquoi aller chercher des mots dans les langues *mortes* des étrangers, quand nous avons, à deux pas de notre porte, quatre dialectes de notre mère langue qui peuvent nous fournir tous les mots dont nous pouvons avoir besoin pour enrichir la langue française ?

Si l'on suivait ce principe, on ne trouverait pas dans notre langue des inepties comme celle-ci, écrite sur le fronton des gares : *embarcadère*, mot doublement ridicule ; car, je vous demande si les wagons sont des barques qui vont sur l'eau ?

Pour le moment, nous nous contenterons du mot Gare, qui est français.

Or, en agissant ainsi, voilà un nouveau genre de service véhiculaire complet, qui peut prendre naissance chez nous, et doit sortir tout entier de sa coquille, comme une caille ou un poulet, qui, sitôt né, court, voit, mange seul, et a l'instinct de se garer de tout accident, dès qu'il est sorti de sa coque.

J'ose espérer qu'il suffira de faire appel au simple *bon sens* de tout Français intelligent, qui comprend sa dignité d'homme, pour lui faire entendre cette raison civique et nationale à la fois.

Car enfin, est-ce que nous serons toujours réduits à courber la tête devant le génie des autres nations, en imitant leurs œuvres et même jusqu'à leurs appellations ?

Sommes-nous donc perpétuellement condamnés à ramper sous le joug industriel des étrangers, sans avoir assez de talent productif pour marcher de pair avec eux ?

Allons ! industriels français, foulons à nos pieds cette vieille habitude routinière qui ne fait pas honneur à notre réputation nationale, et encore bien moins à notre renommée d'hommes ingénieux et clairvoyants.

Montrons donc, par notre talent naturel et notre simple bon sens, que nous sommes aussi des hommes capables de produire de grandes choses !...

Prouvons à l'Europe étonnée qu'il peut exister chez nous, comme partout ailleurs, des Watt, des Fulton et des Stéphenson, tout aussi capables de résoudre de grands problèmes, de refondre entièrement des œuvres industrielles défectueuses, comme le chemin de fer à vapeur, par exemple !

Et qu'enfin, semblables à nos aïeux qui fondaient des colonies dans des contrées désertes, nous pouvons toujours rivaliser avec ces grands novateurs pour créer de nouvelles institutions qui, par leur bonne combinaison, pourront également faire le tour du monde !

Créons donc le chemin de fer hipprômique ! car on peut perpétuellement produire des chevaux et du fourrage, comme on produit des céréales et du bois ; quand, au contraire, il est impossible de produire un kilogramme de charbon de terre, puisqu'il faut 14,000 ans pour en avoir de nouveau, comme on le verra plus loin ; et sans ce précieux combustible, qu'on devrait conserver comme la prunelle de ses yeux, le chemin de fer à vapeur ne pourrait exister.

Conservons ce puissant minerai calorique spécialement pour les industries qui ne peuvent pas s'en passer, telles que forgerons particuliers, hauts fourneaux, usines à gaz, etc.

Ne le gaspillons pas par toutes sortes d'industries provisoires qui brûlent du charbon de terre, et qui diminuent considérablement ce combustible, tout en élevant son prix de vente, au grand préjudice de nos fourneaux culinaires.

Ainsi donc, puisque la vitesse des transports est la nécessité absolue de notre époque, et que les chevaux, placés dans les conditions hipprômiques, peuvent nous transporter aussi vite que la vapeur, pourquoi n'emploierions-nous pas notre *moteur naturel*, si facile à manier dès qu'il est dressé au service demandé, et que nous possédons à profusion ?

CHAPITRE II.

EXTRAIT DE L'ENQUÊTE OFFICIELLE DE 1863 SUR LES CHEMINS DE FER ; CAUSES QUI EMPÊCHENT LE DÉVELOPPEMENT DE CE SYSTÈME ET DE LUI APPORTER DE SÉRIEUSES AMÉLIORATIONS.

PRÉAMBULE.

Le tracé général du réseau français présente un développement de 16,940 kilomètres, dont il y a 10,500 de construits, y compris les embranchements et les petites lignes de raccordement, ayant environ 2,000 kilom. exploités , plus 1,600 kilom. de chemins vicinaux.

L'emploi de véhicules non articulés rend impossible toute amélioration qu'on pourrait apporter dans le service de l'exploitation... Le système Arnoux a été déclaré impraticable sur les grandes lignes, parce que son attelage n'est pas élastique, et ce grave inconvénient a motivé son rejet.

Plus de vingt ingénieurs spéciaux, de la traction vaporifère, ont cherché un modèle de wagon articulé, mais sans aucun résultat ; et la compagnie du Nord semble avoir complétement renoncé à résoudre ce difficile problème.

Quand les administrateurs de chemins de fer connaîtront les études ardues que j'ai dû faire pour atteindre ce but ; d'abord par la connaissance pratique de huit corps d'état, puis par les expériences matérielles qui en sont la conséquence, ils comprendront alors qu'il faut savoir autre chose que les mathématiques et les formules algébriques pour produire un véhicule articulé, pourvu de ces trois appareils indispensables :

1° Un attelage élastique, rigoureusement nécessaire au démarrage des trains ;

2° Un système d'indéraillement, permettant aux véhicules de circuler en toute sécurité sur de longs parcours ferrés.

3° Un *dévije* (nouvel avant-train articulé), permettant aux vecgils, formés en convoi, de franchir les courbes de 20 mètres de rayon, et de gravir des rampes de 30 millimètres par mètre, à la vitesse de 32 kilomètres à l'heure.

Maintenant, l'enquête, qui renferme des chiffres officiels, va se charger de prouver d'une manière incontestable la vérité de ce préambule.

PREMIÈRE SECTION.

ENQUÊTE OFFICIELLE SUR LES CHEMINS DE FER.

Appel au génie inventif des hommes industrieux.

par le Rapport de M. Michel CHEVALIER, Sénateur.

Page CXXXIII. — *Les rampes et les courbes actuelles peuvent-elles subir des modifications ?*

« *Non !...* à moins de diminuer la vitesse des trains, ou d'admettre des wagons articulés...
« Il serait même intéressant que des expériences décisives fussent faites pour savoir si les nou-
« veaux wagons articulés pourraient se prêter au service des autres wagons déjà mis en usage ; il
« faut donc autoriser l'essai de tout système articulé qui viendrait à se produire, si des capitalistes
« étaient disposés à en faire usage.... » (Et dans d'autres paragraphes il y a) :
« La limite des rampes, de 15 à 16 millim. par mètre, ne doit pas être dépassée ; car avec des in-
« clinaisons de 0ᵐ 016 le service présente déjà d'assez grandes difficultés, surtout près des stations,

Réponse
des
Compagnies.

« où un fort coup de vent fait rouler les wagons isolés qui stationnent sur la voie. Il ne faut donc
« admettre que des rampes de 12 à 15 millim., et supprimer les ouvrages d'art pour tous les che-
« mins de fer à construire. » (Nous voilà fixés pour toutes les lignes de raccordement.)

« On ne pourrait, sans une grave imprudence, dépasser les vitesses suivantes :

« Sur les courbes de 300 m. de rayon, à la vitesse de 30 kilom. à l'heure.
« Sur les courbes de 250 m.   id.   id.   25 kilom.   id.
« Sur les courbes de 200 m.   id.   id.   20 kilom.   id.
« Sur les courbes de 100 m.   id.   id.   à 10 kilom.   id. »

Ainsi, pour marcher à la vitesse de 32 kilomètres à l'heure dans des courbes de 20 mètres
de rayon, il faudrait avoir ce qu'on a cherché en vain : des véhicules articulés avec roues
indépendantes, et qui conservassent constamment leur parallélisme.

Page CXXXIV. — *où l'on trouve ceci :*

« 1° Laisser aux préfets la faculté d'autoriser les particuliers à entreprendre l'étude des petits che-
« mins de fer locaux, indépendants des grandes lignes.

« 2° Appeler *sous toutes les formes* les encouragements du gouvernement sur ces entreprises de
« petites lignes.

« 3° Laisser une grande latitude aux entrepreneurs pour établir leurs tarifs. »

Les prix des places, qu'on verra au chapitre VII, ont été établis en 1860.

Page CXXXIX. — *Voie de transbordement* (1).

« Dès l'origine, on a considéré ces chemins de fer comme de vrais chemins vicinaux, sur lesquels
« on aurait posé des *rails*... Les travaux de terrassement sont exécutés au moyen de prestations
« dues aux chemins vicinaux ; lesquelles entrent pour 36 à 40 p. 100 dans les frais d'établissement
« ainsi répartis : 20,000 francs pour le compte des communes ; 18,000 francs pour le département et
« l'État ; formant avec la voie ferrée un prix variable de 70 à 88,000 francs par kilomètre (de voie simple),
« non compris le matériel roulant » (qui appartient à la grande ligne).

Mais la prestation n'est-elle pas aujourd'hui contraire à nos mœurs ?... Et, de plus, notre
système exemptera les communes de subvention et de toute prestation.

1re section de l'Enquête.

Pages 1 à 9. — *Retards constatés jusqu'en décembre 1861, causes majeures des collisions.*

« Les retards de 5 à 10 minutes sont de 92 sur mille ; ceux de 11 à 15', de 36.

« Ceux de 16' et au-dessus sont de 28 ; enfin, les retards de moins de 5 minutes sont de 844 sur
« mille ! (c'est-à-dire mille retards sur mille trains.)

« Les retards de 15 à 30 minutes sont de 63 trains 8/10° sur mille ; ceux de 31' à 1 heure, de 26
« trains ; et enfin, ceux au-dessus d'une heure, sont de 8 trains 8/10° sur mille (c'est donc 98 trains en
« retard sur mille, sans compter les petits retards).

« Ces retards sont dus aux avaries du matériel, au dérangement des machines, à la chute des
« feuilles d'automne, qui, étant écrasées par les roues, forment une sorte de cambouis sur les rails et
« produisent, comme la neige et le verglas, des rotations inertes des roues motrices qui n'avancent
« plus régulièrement, et, par conséquent, il arrive des retards très-fréquents dans la mauvaise
« saison. »

En effet, tel train se trouve à tel endroit quand il devrait être à 5 ou 6 kilomètres plus loin.
Et comme ces trains en retard passent tantôt sur l'une et l'autre voie, par nécessité du service,
ils occasionnent une grande perturbation dans l'ordre de marche des autres convois.

De là surgissent des chocs par bout dans les courbes ou même sur les lignes droites, ou
des chocs en écharpe aux bifurcations... Aussi la compagnie du Nord dit-elle : « Les courbes
au-dessous de 300 mètres de rayon sont impraticables. »

Oui, mais seulement avec le matériel actuel qui n'est pas articulé.

(1) On dit bien transbordement pour le débarquement des navires à hauts *bords;* mais, pour être logique,
il faut dire : *transvoiturage* pour les débarquements des *voitures* de toutes sortes.

Pages suivantes. — *Frais partiels de traction.*

Dépense du Train express.

« Il coûte 2 fr. 20 c. par kilomètre; il produit environ 2 fr. 91 c. (bénéfice 71 c. mais variables.) *Réseau de l'Est*
« Dépense inconnue.......; il produit de 4 fr. 50 c. à 6 fr. 50 par kilomètre; ailleurs incertitude. » *Du Midi.*

Comment se fait-il que ce train express produise, soi-disant, tant de bénéfices (71 centimes par kilomètre) et qu'on en demande la suppression, comme on le verra plus loin?

Page 25. — Sécurité des voyageurs.

« On ne connaît pas de meilleurs moyens à employer que ceux déjà en usage pour assurer la sécu- *D'Orléans.*
« rité des voyageurs..... (ici encore nous voilà fixés).
« Les moyens employés seraient suffisants *s'ils* étaient bien observés. (Ah! oui, *si!*) *Nord et Lyon.*
« On ne peut indiquer aucune disposition nouvelle qui ne soit déjà appliquée. » *Midi.*

Ah! oui, mais *où?* puisqu'il arrive des accidents partout?

Page 26. — Sécurité des trains aux embranchements.

« Les consignes destinées à protéger les bifurcations sont très-simples, très-faciles à exécuter ; et *D'Orléans et autres.*
« *si* elles étaient observées exactement, toute collision serait impossible. »

Ah! malheureux *si!* que de victimes as-tu déjà immolées depuis 20 ans!

Pages 66 et 67. — Sécurité des colis.

« Les causes de soustraction sont dues aux mauvais emballages et à l'ouverture des colis à leur *Toutes les Compagnies.*
« passage à l'octroi et à la douane..... (Ceci est bon à noter pour plus tard).
« Impossible de prévenir complétement les soustractions d'objets, qui du reste ne sont pas très- *Des Ardennes*
« nombreuses relativement au nombre prodigieux des expéditions qui se font annuellement par les
« Compagnies. »

Page 85. — QUESTION D'ÉCONOMIE.

PEUT-ON ÉCONOMISER SUR LES DÉPENSES DE CONSTRUCTION?

« Non! il n'y a pas de réduction à faire pour les lignes à construire, le matériel roulant étant le *Toutes*
« même que sur les grandes lignes (En effet, il faut que les rails pèsent 37 kilogr. le mètre courant). »

PEUT-ON RÉDUIRE LES FRAIS D'EXPLOITATION?

« Non! les frais sur ces lignes pauvres étant de 8,000 francs par kilomètre, non compris l'intérêt
« et l'amortissement du capital engagé, on ne pourrait obtenir de réduction dans les frais généraux
« qu'en maintenant de grands réseaux sans petites lignes isolées !.... qu'en diminuant les passages à
« niveau ; qu'en supprimant les clôtures et les barrières; restreindre le gardiennage du jour et sup-
« primer celui de nuit. ». (C'est précisément ce que nous allons faire.). *Compagnies.*

Page 87.

PEUT-ON ÉCONOMISER SUR LES FRAIS GÉNÉRAUX ?

« Non!... à moins de modifier le cahier des charges dans ce sens : Laisser aux Compagnies le *Idem.*
« choix du combustible pour toutes les machines. (A cela rien de mieux.) Ne pas imposer de trains
« express. (Ah! ah! ceci prouve qu'ils ne rapportent pas 71 cent. par kilomètre.) Laisser exploiter par
« trains mixtes de 22 kilomètres à l'heure. (Beau service, ma foi, et sans trains express.) Autoriser les
« trains à marche *lente*, pouvant prendre ou laisser des voyageurs aux passages à niveau. (On verra
« plus tard que je possède, depuis 1858, ces moyens et très-rapides.) Laisser toute latitude dans la com-
« position des trains ; ne pas exiger de compartiments réservés ; ne mettre de gardes permanents que
« sur des passages à niveau très-fréquentés ; ne pas contrôler le service, ni les agents télégraphiques
« placés dans les postes de la Compagnie. (En résumé, elles demandent une liberté plénière.) Augmenter
« d'un jour le délai de la petite vitesse pour le passage d'une petite ligne sur une ligne principale. »
(Puis, ces réponses faites à des questions antérieures.)

Page 57.

PEUT-ON ORGANISER UN SERVICE ENTRE LA GRANDE ET LA PETITE VITESSE ?

« Non! le commerce se préoccupe bien plus des réductions de *prix* que des diminutions de dé- *Idem.*
« lais. » (Sauf, toutefois, pour les échantillons et les petits colis, qui exigent de la célérité.)

DEUXIÈME SECTION.

Les conséquences de l'Enquête.

Ainsi, les demandes des grandes Compagnies sont en opposition complète avec les vœux des conseils généraux, du commerce, de l'industrie et du public, qui demandent instamment *célérité, sécurité* et surtout *bon marché.*

Pour moi, je connais ces besoins depuis 1830, et dès 1860 la preuve n'est plus à faire ; tous les moyens sont trouvés pour supprimer, d'un seul coup, tous les accidents sur les chemins de fer, et cela, tout en donnant une entière satisfaction aux justes demandes des conseils généraux pour les besoins du pays.

Pour échapper au monopole envahissant des grandes Compagnies, il a fallu la brutalité des faits et les rudes déceptions financières que leur réservait l'établissement et l'exploitation du 3ᵉ réseau, pour leur faire comprendre que leur traction est huit fois trop coûteuse.

C'est alors, mais seulement alors, que ces puissantes Compagnies jetèrent les hauts cris, comme on vient de le voir par l'enquête officielle, en disant : « Débarrassez-nous de toutes ces « petites lignes de raccordement qui sont autant de *sangsues tortueuses* qui sucent le sang « productif de nos grandes artères ferrées. » (Oui! et même très-ferrées... sur les *Fins Principes* de l'exploitation.)

Oh! c'est toujours comme cela : on n'entrevoit le malheur qu'alors même que la fatalité vous assomme de ses terribles coups... Car enfin, n'aurait-on pas dû le prévoir, surtout lorsqu'on n'a qu'une seule traction si dispendieuse pour desservir les grandes et petites lignes ?

Hélas ! oui, c'est seulement aujourd'hui qu'elles s'aperçoivent de leur folle prétention de vouloir grouper tous les moyens de transports terrestres sur le bout de leur marotte véhiculaire, en vue de se les approprier comme monopole exclusif.

Et malheureusement ce n'est pas tout, car voici un autre ordre de faits ruineux.

Relevé des accidents en 1855.

La moindre collision de convois, par rencontre, coûte au moins cent mille francs, tant pour les avaries du matériel que pour subventionner les victimes. Or, voici le nombre constaté : 360 déraillements, 154 chocs et collisions partielles ; 25 ruptures d'attelages et d'essieux, 22 voitures et bestiaux atteints par les convois; total, 549 accidents, ayant occasionné la mort immédiate à 34 voyageurs et des blessures graves à 74 ; plus, 11 employés tués, 111 blessés, et 779 accidents qui ont causé des avaries au matériel, et ont fait éprouver des pertes aux Compagnies; car enfin, qui paye les dégats? Ne sont-ce pas les dividendes qui dansent ? C'est donc 1,439 sinistres survenus en 1855, soit 5 accidents par jour.

En 1858, il y a eu 330 déraillements, 192 collisions, qui toutes ont mutilé des voyageurs. Enfin, on trouve un total de 1,032 accidents pour cette année, y compris les 65 hommes d'équipe tamponnés par an, en moyenne, sur notre réseau seulement.

Et alors, que de veuves et d'orphelins jetés sur les bras de l'assistance publique!

Or si, en 1858, il y avait tant d'accidents sur un réseau de 8,000 kilomètres, de combien doivent-ils être aujourd'hui sur un développement de 10,500 kilomètres ?

L'enquête parle de consignes pour *protéger* les trains aux bifurcations? Oui, mais qu'une seule pièce de ces pyrobalistes vienne à casser, un accident est inévitable, à cause de la vitesse acquise qu'on ne peut arrêter à temps.

Témoin le choc en écharpe de Pierrefitte, ayant tué plus de 30 personnes, non compris les blessés ; accident dû à un retard produit par la rupture d'une bielle.

Ainsi, avec les moteurs à feu, ayant cylindres à piston, bielles avec glissière, et chaudière tubulaire, c'est toujours de semblables catastrophes qu'on aura à regretter, parce qu'il y a une vitesse quadruple de celle du cheval au trot.

Il ne faut donc jamais s'exposer à la moindre rupture, sans quoi il y aura toujours mort d'hommes et de très-grandes avaries au matériel.

CHAPITRE III.

ANALYSE DES HUIT VICES DE CONSTRUCTION DU CHEMIN DE FER A VAPEUR, ET POSSIBILITÉ DE REMÉDIER A CES VICES QUI FONT NAITRE TOUS LES ACCIDENTS; QUESTION DES COURBES ET DES RAMPES QU'IL FAUDRA RIGOUREUSEMENT ADMETTRE POUR LE SYSTÈME HIPPRÔMIQUE.

PREMIÈRE SECTION.

Considération biologique.

La question des accidents est la plus importante et la plus glorieuse de toutes. C'est donc le vrai problème à résoudre...

D'abord, pour supprimer les énormes dépenses qu'ils font éprouver à l'entreprise; puis, pour observer les lois de l'humanité, en sauvegardant la vie de nos semblables !

Car enfin, les voyageurs qui donnent de la bonne monnaie aux entreprises de transports doivent-ils avoir en échange une bonne traction, qui soit à la fois : rapide, exacte et d'une sécurité complète ? Est-ce logique ?

Aussi, pensant être secondé dans mes efforts tendant à l'entière suppression des accidents sur voie ferrée, je ne reculerai devant rien, mais absolument *rien*, pour accomplir cette œuvre humanitaire et méritoire s'il en fut.

Je crois qu'il est inutile d'en dire davantage..... car, lorsqu'il y va de la vie des gens, tout le monde est intéressé à servir ses intérêts personnels, mais encore plus à sauvegarder sa propre existence ? .. Or, commençons !

Analyse des huit vices de construction

Qui font naître tous les accidents.

En étudiant tous les modes de transport, j'ai été successivement amené à produire huit appareils qui, par leur combinaison, me permettraient de rouler très-économiquement sur les routes ordinaires et qui seraient en même temps aptes à supprimer les huit vices précités du système à vapeur, qui sont :

1° *Tracé spécial* avec deux voies très-rapprochées et produisant des *rencontres*, parce que le frein actuel est insignifiant et ne peut les empêcher; par la raison qu'il faut à chaque machiniste 500 ou 1,000 mètres pour arrêter son convoi. Cet état de choses nous donne la preuve qu'on est encore à comprendre la puissance cinethmique (du mouvement en général) des trains de quinze à vingt véhicules, pesant de 150 à 200,000 kilogr., et lancés à 40 kilomètres à l'heure.

Car, s'il faut 1,000 mètres au machiniste du train d'aller pour apercevoir un autre convoi qui arrive sur sa voie, il faut également 1,000 mètres au machiniste du train de retour pour faire la même distinction; et si on n'a pas un frein extrêmement puissant, la rencontre est inévitable, comme cela a lieu au moins cent cinquante fois par année.

2° *Effet de la force centrifuge* non maîtrisé et qui produit des *déreilements*, parce qu'on n'a *rien*, jusqu'à ce jour, pour les prévenir et encore bien moins pour les empêcher; car les déreilements de trains lancés à 40 kilomètres à l'heure étant aussi prompts qu'un coup de canon, il est impossible à l'espèce humaine de faire la moindre manœuvre pour les empêcher. Il faut donc un appareil qui, par sa structure, les préviennent constamment sans le secours de personne.

3° *Défaut d'adhérence* en temps humide, produisant des *retards* par les rotations inertes (dites patinements) des roues motrices. Ils sont, en moyenne, de 6,400 par ligne de 500 kilomètres. Ils occasionnent de fréquentes rencontres, comme on l'a vu page 10 ; et ces retards jettent une perturbation déplorable dans l'ordre de marche des autres convois.

4° *Défaut d'indépendance* de roues, qui fait faire des *soubresauts* aux roues des wagons, dont la trépidation très-prononcée facilite d'abord des déreilements dans les courbes, bien qu'elles aient 300 mètres de rayon ; puis, des torsions d'essieu par l'accouplement rigide des deux roues sur leur essieu. De sorte que la roue extérieure est forcée de faire, à chaque révolution, un petit soubresaut pour restreindre son parcours, qui naturellement est plus long que celui de la roue intérieure ; et pourtant les deux roues doivent faire le même nombre de tours. De là surgissent des déreilements et autres accidents.

5° *Méthode défectueuse* d'accouplement de roues, produisant des *ruptures d'essieux*, dont on ne compte pas moins de deux par mois sur notre réseau. Or, un essieu brisé en pleine marche doit forcément occasionner un accident par déreilement, ou du moins un retard de plus d'une heure. Ce vice de construction doit donc disparaître, à quelque prix que ce soit.

6° *Agencement banal* de la voie, qui occasionne des *ruptures de reils* par leur fléchissement entre les traverses banales, lors du passage des lourdes machines, qui font fléchir les reils dans toutes les portées à faux entre traverses ; de sorte qu'au commencement de l'hiver, et lors du retrait du fer, il y a rupture de reils qui doit produire, soit un accident, ou du moins un retard très-prolongé dans la marche des autres convois de la journée. Ce vice doit encore disparaître.

7° *Impuissance des chasse-pierres*, laissant sur la voie les *petits objets* et la neige, qui paralysent la marche des trains et occasionnent des retards, comme chacun le sait ; quand il faudrait un appareil bien combiné pour rejeter les neiges hors la voie ; nettoyer les reils et expulser les objets pouvant causer un déreilement.

8° Les *aiguilles détestables* de changement de voie, le plus dangereux des inconvénients ; car son service coûteux et compliqué met constamment cinq ou six cents personnes à la *merci* des aiguilleurs, qui, par distraction ou fausse interprétation des commandements, ont causé tant de regrettables malheurs ; parce qu'avec elles, il faut faire des manœuvres à longs trajets ; faire passer les trains tantôt sur l'une et l'autre voie, ce qui occasionnent des rencontres ; et qu'enfin, il faut 4 fr. par jour pour le gardiennage de chaque aiguille.

Doit-on s'étonner de la fréquence des accidents sur le chemin de fer à vapeur ?

Ne doit-on pas, au contraire, être surpris qu'avec cette multitude de convois, marchant alternativement sur les deux voies et avec des vitesses différentes, ne pas voir dix accidents surgir tous les jours, à cause de cette série de vices structuraux qui tous occasionnent des accidents, puisqu'il n'existe *rien* pour les empêcher ?

N'est-il pas triste enfin, pour la nation la plus ingénieuse du globe, que nous soyons encore réduits, en 1864, à nous dire : « Je monte dans ce wagon, et nulle puissance humaine ne peut « me garantir que j'en descendrai vivant ! »

DEUXIÈME SECTION.

Essai de gravitement par des moyens connus.

N'allez pas croire, cher lecteur, que je vais vous décrire tous ces moyens ; non, certes, car il me faudrait un volume de 500 pages pour cela. Seulement, tous les hommes lettrés savent qu'on a essayé différents systèmes de gravitement par des engrenages à dents pointues ; d'autres, avec des chaînes-vaucanson, ou avec des roues striées dont les pointes ou picots, entraient dans des madriers *en bois* posés à côté des rcils, ou s'enfonçaient tout bonnement dans le sol sablonneux.

Et dire pourtant qu'on a essayé de pareilles billevesées véhiculaires! Enfin, ce n'est pas tout, car un autre essai, qui fit du bruit, admettait un *troisième rcil* de 30 centimètres d'élévation au-dessus des deux autres rcils de la voie.

Ce troisième rcil était pressé latéralement par deux petits *rouleaux* qui produisaient l'action gravitale; mais le frottement continuel absorbait la moitié de la force motrice, déjà réduite de moitié par les frottements des deux équipages de cylindres.

Comment peut-on modeler un semblable système, quand, avec une machine qui fait 50 kilom. à l'heure et pourvue de galets obliques ds 33 centim. de diamètre, ceux-ci font 834 tours par minute? Or, s'il y avait une forte pression sur l'arbre de ces galets, tout serait usé, brûlé et fondu dans un trajet de 500 kilomètres.

Par des données qui sont irréfutables, je ferai observer ceci : *Le vrai et bon principe d'un système de gravitement* véritablement pratique n'admet que *deux rcils*; pas de frottement *continu*, et surtout sans aucune sorte *d'engrenage.*

Nous avons encore à constater les moteurs atmosphérique et hydraulique.

Le premier est un gros tube à clapets superposés, pour laisser passer la tige du piston vertical placé en tête du premier wagon; et, au moyen d'une monstrueuse machine fixe de 500 chevaux-vapeur, placée de myriamètre en myriamètre, on pourrait *haler* horizontalement les trains, comme une pompe aspirante tire verticalement l'eau d'un puits.

Le second est propulsé tout à fait en sens inverse. On comprime fortement l'eau dans le récipient de la machine; puis, au moment du départ, on ouvre un robinet, et l'eau comprimée est violemment lancée derrière de forts patins, qui glissent dans des rcils creux en forme de reillière, comme si le véhicule moteur glissait dans une double reillière de moulin à eau, où il existe, comme on le sait, un courant très-rapide dès que la vanne est levée.

Ainsi, pour faire marcher cette chaudière placée sur quatre patins, il faudrait, comme avec le moteur atmosphérique, de fortes machines à vapeur à tous les myriamètres (ou de trois en trois lieues au maximum) pour comprimer l'eau dans cette chaudière à patins; et conséquemment on ne pourrait faire plus de 12 kilom. sans s'arrêter forcément pour recevoir une nouvelle cargaison d'eau.

Ce moteur hydraulique monte une forte rampe, il est vrai; mais je vous demande si ce moyen est praticable, quand avec le système hypprômique, qui s'arrêtera à tous les 80 kilom. pour les trains omnibus, je trouve que c'est déjà trop court? C'est pourquoi j'ai dû organiser les trains véloces, de manière à pouvoir franchir 240 kilomètres sans s'arrêter.

Grands Problèmes et renseignements officiels.

« Le chemin de fer de Saint-Étienne à Rive-de-Gier a une rampe de 14 millim. par mètre, « et l'emploi alternatif de *locomotive* et de *chevaux* est très-coûteux. Cependant, l'inclinaison « n'est pas assez prononcée pour admettre l'établissement d'appareils automoteurs (c'est- « à-dire machine fixe, qui remorque à l'aide d'une corde et d'un treuil.)

« Le chemin de Newenmarkt à Marktschorgast a des rampes énormes de 22 à 25 millim. « par mètre, mais il y a des appareils automoteurs (ceci est bon à noter). Celui de Turin à « Gênes a des rampes de 35 millim; mais les wagons sont remorqués par *deux* machines de « 22 tonnes chacune et à l'aide de sable jeté sur les rcils. » (Ah! ici, ce n'est donc pas le « poids qui produit toute l'adhérence, mais le nombre des points de contact sur les rcils par « les douze roues couplées des deux machines.) Seulement, dit M. Perdonnet, « le service est si « lent... qu'on étudie un autre moyen de remorquer les wagons par une machine hydraulique. »

La rampe de Saint-Germain est également gravie avec une locomotive ordinaire, mais en utilisant l'élan du train sur cette montée de 1,200 mètres, et toujours en jetant du sable sur les rcils; moyen peu ingénieux qui les use promptement.

La compagnie du Nord, qui fait des travaux magnifiques, a fait construire dernièrement une locomotive à douze roues motrices, dont les six essieux sont mus par quatre cylindres, formant deux équipages de mécanisme moteur qui font tourner trois essieux chacun et trois paires de roues couplées par des bielles spéciales.

Cette locomotive pèse 60,000 kilogr., et, le 21 janvier dernier, on a constaté ceci : la machine a remorqué un train de 21 wagons, à la vitesse de 20 kilom. à l'heure ; et, après un parcours de 1,200 mètres, les roues ont *patiné*, la vitesse a été ralentie de 7 à 8 kilom. à l'heure ; puis, le train a repris sa marche primitive pour redescendre à 17 kilom. dans les courbes et sur les rampes de 25 millim. par mètre (*Presse* du 22 février 1864).

Cette machine, à douze roues et quatre cylindres, a coûté au moins 120,000 francs, et voyez le résultat. Cependant on espère monter les rampes de 40 millim. et circuler dans des courbes de 250 mètres de rayon, à la vitesse de 19 à 20 kilom. à l'heure.

Pourquoi tourner dans un cercle vicieux de choses impossibles à réaliser? Pourquoi se butter à l'emploi de simples roues motrices pour obtenir, sur les rampes, une vitesse réglementaire de 32 kilom. à l'heure, après ce dernier essai tenté? .

Il paraît qu'on ne connaît guère les lois de la *statique*, ces lois mystérieuses de l'équilibre, cette science abstraite qui n'apparaît radieuse qu'aux yeux de l'intelligence humaine, quand ces yeux-là ne sont pas voilés par le bandeau de quelque faux principe...

Enfin, les amis du pyrobalisme sont-ils à bout de ressources avec leur moteur à feu, qui coûte très-cher comme locomotion, qui détruit tout; et non-seulement son résidu ne vaut rien, mais il coûte encore pour le faire enlever? ·

Oh ! maintenant, il ne leur reste plus qu'une seule ressource. Ah ! voyons vite laquelle? Eh bien, c'est d'essayer le *mouvement perpétuel*........ *mû par la vapeur!*

TROISIÈME SECTION.

Solution des rampes et des courbes.

Les chemins de fer anglais et belges sont remplis d'embranchements et de circuits; et ces impasses ferrées prouvent que les moyens de gravitement manquent complétement.

Ce vice de construction oblige les Compagnies à faire faire de longs détours à leur tracé spécial pour chercher du terrain nivelé, et dans ce cas voici son inclinaison moyenne :

Rampe en usage de **10** *m/m par mètre.*

Fig. 1.

Cette rampe insignifiante est pourtant la rampe réglementaire des grandes lignes, et ne sert qu'à monter les coteaux un peu raides comme celui d'Étampes, avec sa rampe de 8 millim. par mètre ; mais pour enjamber les hautes montagnes, les coteaux rapides, et enfin aller partout où son service l'appelle, il faut qu'un mode de transport puisse gravir celle-ci.

Rampe maxima de **50** *m/m par mètre.*

Fig. 2.

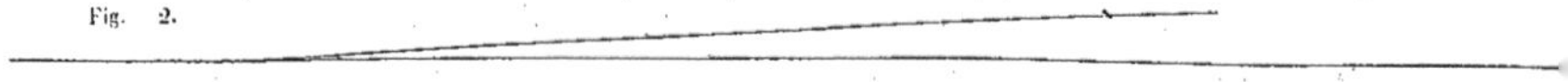

Si cette rampe a 5 ou 6 kilom. de longueur, il serait impossible de la gravir sans avoir un moyen gravitant adapté à la jante des roues motrices. Mais pour le nouveau chemin de fer, voici ses rampes réglementaires que ses lignes pourront avoir.

Rampe moyenne de **25** *m/m par mètre.*

Fig. 3.

Voilà les rampes de nos routes stratégiques, qui sont dans les rapports suivants :
40 p. 0/0 de rampes de 20 à 30 millim. par mètre ; 20 p. 0/0 de rampes plus rapides

et qui devront être aplanies, ou du moins rendues à 25 millim. comme rampes réglementaires ; et enfin, 40 p. 0/0 de routes à peu près nivelées. Cette disposition naturelle de routes accidentées convient parfaitement à notre chemin de fer hipprômique ; car, pouvant tourner dans des courbes de 20 mètres de rayon, il pourra aller *partout*, et même traverser les Alpes et les Pyrénées avec ses rampes de 25 millim., en faisant des serpentins en nombre suffisant pour enjamber les sommets, ou pour aller chercher les gorges les plus frayables.

Solution des courbes.

Le système à vapeur, avec ses roues rigides qui tournent avec leur essieu, contraignit, dès le principe, ses *agenceurs* à construire un tracé spécial, presque entièrement nivelé et pourvu de courbes de 3 à 500 mètres de rayon.

C'est précisément ce faux principe inné des huit vices de construction, qui le mit dans cette désolante nécessité d'aller courir le long des rivières, et d'abandonner les routes nationales avec leurs courbes vingt fois trop restreintes pour lui.

Voilà d'abord le premier obstacle qui fit son malheur ; quant au second, c'est tout simplement parce qu'il est pyrobaliste (mû par moteur à feu), et, je vous demande, pourquoi construire de nouveaux chemins spéciaux ?

Pourquoi ces milliards dépensés inutilement, quand nous avons 48,000 kilom. de routes stratégiques et 35,000 dites départementales, ayant 12 mètres de largeur entre les deux rangées d'arbres pour les premières, et 8 mètres pour les secondes ?

Mais, hélas ! le vampire pyrobaliste les a rendues toutes désertes, en dévorant les millions de chevaux qui les parcouraient ; et comme *certains* Français ont la bosse de l'imitation, ils commencent déjà à devenir *hippophages !*

Il est vrai qu'on pourra supprimer la moitié de ces routes, et la conversion de cette moitié en chemins vicinaux procurera déjà une grande économie à l'État, puisqu'il entretient ces grandes routes à ses frais, bien qu'elles soient devenues désertes.

Or, en conservant seulement les 48,000 kilom. de routes stratégiques pouvant recevoir de suite deux voies ferrées sur les côtés qui sont actuellement disposés en trottoirs, voilà quelles seront les courbes qu'il faudra rigoureusement conserver :

Courbes de vingt mètres de rayon propres au chemin de fer hipprômique.

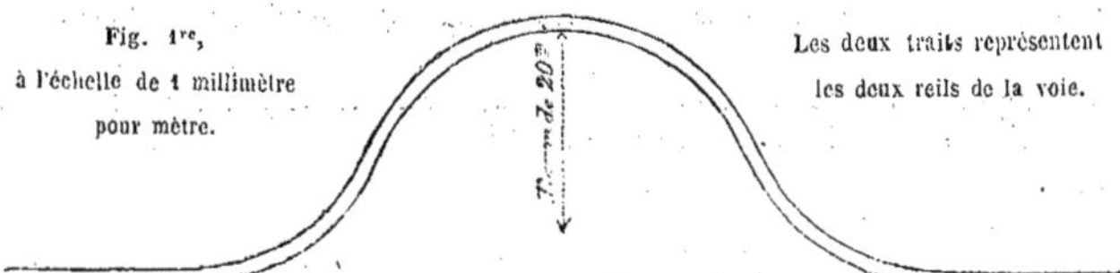

Mais on ne pourrait rouler en toute sécurité sur de semblables courbes qu'avec des essieux articulés et des roues indépendantes, à peu près comme celles des voitures ordinaires.

Ce tracé représente une nouvelle route qui tourne, soit un village situé sur un coteau très-escarpé, soit le coude d'une rivière sinueuse, où tout autre accident trop coûteux à vaincre.

Nous allons voir maintenant l'énorme différence des deux courbes réglementaires :

Courbe moyenne du système à vapeur.

Simple voie.

Échelle de 1 m/m pour m.

Voilà une courbe de 300 mètres de rayon, et sur laquelle on ne doit marcher qu'à la vitesse de 30 kilom. à l'heure, comme on vient de le voir par l'enquête officielle, sans s'exposer à de fréquents déreilements, qui déjà sont au nombre de 330 par an, *en moyenne.*

Aussi, pour avoir de semblables circuits, il a fallu trancher les collines, percer les montagnes et viaduquer les ravins, enfin, tout diviser devant soi ; car sans cette ruineuse nécessité le système à vapeur ne marcherait pas du tout.

Ce principal inconvénient du système à vapeur m'engage à donner de suite l'avis suivant :

Commentaires.

Aux Agenceurs du troisième réseau ferré.

En économisant une voie, on multiplie les dépenses de gardiennage ; car avec une seule voie il faut dix garages par 100 kilom., et conséquemment *deux* aiguilleurs à chaque garage : dont un en aval et l'autre en amont.

Or, comment peut-on mettre un homme *planton* dans le milieu des champs, et le condamner à rester là toute sa vie ? C'est une combinaison illogique, messieurs les agenceurs ; et cette méthode, ruineuse pour votre service d'exploitation, vous force d'avoir deux aiguilleurs à chaque voie d'évitement, et vous nécessite une dépense de 8 francs pour chacune, ou 80 francs par jour et par 100 kilomètres.

Du moins, si vous voulez avoir des hommes de confiance, puisqu'il faut que ces hommes, ou plutôt ces cadavres mouvants soient très-sobres, qu'ils ne quittent jamais leur *poste*, et surtout qu'ils ne soient jamais distraits en quoi que ce soit...

Car si un seul de ces vingt aiguilleurs (par 100 kilom.) se trompe une seule fois, il surgit de suite une catastrophe sanguinaire qui mutilera des bras, des jambes, et broiera des centaines de personnes... comme on ne le sait déjà que trop bien.

Il faut donc poser carrément la question et dire à l'unisson : Cette méthode de voie simple et cette *engeance* d'aiguilles mécaniques sont-elles logiques et radicalement bien conçues ? Non, puisqu'elles jettent une perturbation dans le mouvement des trains et qu'elles occasionnent de grands malheurs... Ainsi donc, pas de voie simple ni d'aiguilles mécaniques.

Le sang humain crie vengeance ! et la sécurité publique nous impose le devoir impérieux de les supprimer, puisque tout le monde est d'accord sur ce point.

Oui ; mais pour atteindre ce puissant résultat, *pas de véhicule* d'un *poids* supérieur à 12,000 kilogr., et surtout pas de *machines à six roues*; car l'articulation des trois essieux n'est plus praticable, par la raison que l'essieu central doit faire un mouvement de va-et-vient transversal dans les courbes de 100 mètres de rayon. Ce moyen serait donc intolérable dans les courbes à 20 mètres, surtout avec une vitesse réglementaire de 30 kilom. à l'heure.

Pourquoi ? Parce qu'une locomotive, ancien modèle de 30 tonnes, charge également ses trois essieux de 10 tonnes chacun ; et je vous demande si un essieu chargé de 10,000 kilogr. peut faire facilement son mouvement de va-et-vient ?

C'est précisément ce glissement transversal de l'essieu central qui m'obligea à ne mettre que quatre roues à mes tracteurs hipprômiques, dont l'essieu articulé, des roues d'avant, n'a aucun mouvement de va-et-vient transversal ; comme il n'existe aucun point-mort dans le mouvement du manége pour la transmission de la force chevaline aux roues motrices.

Le jeu de lacet des trains en marche sera même diminué des trois quarts, et réduira d'autant ces ballottements horizontaux qui disloquent le corps des voyageurs.

Autrefois, on prenait la voiture pour se défatiguer ; mais aujourd'hui on est forcé de monter en wagon pour être rompu, et bien souvent pour être éreinté, ou mutilé.

Le chemin de fer à vapeur n'est donc qu'un enfant en maillot qui jette des cris perçants et commet des actes d'un vandalisme révoltant.

Et au lieu de constater ses faits et gestes, ne devrait-on pas plutôt assommer ce système sanguinaire qui, dans cinquante ans d'existence, tuera plus de monde à lui seul que tous les choléras réunis ?... Seulement, à tous ces *faits* on va me dire :

— Mais que faire pour empêcher ces accidents, qui déciment les populations et causent un tort considérable aux Compagnies d'exploitation ?

Eh bien, chers lecteurs, vous allez voir ce qu'il faut par le chapitre suivant !...

CHAPITRE IV.

SOMMAIRE DES HUIT APPAREILS NOUVEAUX, SUPPRIMANT LES HUIT VICES DU SYSTÈME A VAPEUR ;
ET PERMETTANT A NOTRE TRACTION D'ALLER *partout* OU SON SERVICE L'APPELLERA, POUR ÊTRE
RADICALE DANS SON PRINCIPE VÉHICULAIRE, ET SANS AUCUN ACCIDENT.

PRÉAMBULE.

Le chemin de fer à vapeur, tel qu'il est conçu aujourd'hui, étant forcé de choisir les terrains sur lequels il doit passer, ne peut desservir toutes les villes en les traversant au centre de leurs quartiers manufacturiers.

Et pourtant, cette locomotion vélocifère a déjà fait naître des besoins dans toutes les branches industrielles des nations, besoins qu'en 1830 on était à mille lieues de soupçonner même l'existence, et qui se font sentir aujourd'hui.

D'un autre côté, cette locomotive, qui ne peut marcher sans tender, pèse avec lui 66,000 kilogr.; et malgré sa force brutale de 30 à 40 chevaux-vapeur, elle ne peut gravir, à elle seule, que des rampes de 12 à 16 millimètres par mètre.

Des essais de toutes sortes ont été tentés pour gravir des rampes de 30 à 50 millimètres, mais toutes ces tentatives n'ont produit que des résultats insignifiants; exemple :

« La Crête bleue (en Virginie) a été franchie par une locomotive ordinaire (et sans tender)
« d'une force de 40 chevaux, qui n'a pu remorquer que *trois* modestes wagons à la vitesse
« de 3 lieues, ou 12 kilomètres à l'heure. »

Moins vite qu'un cheval au grand trot; et cette preuve concluante nous démontre qu'on a pas été plus heureux en Amérique qu'en Europe, avec les fameux moyens ordinaires si savamment expérimentés.

Je vous demande, chers lecteurs, si de telles bagatelles doivent être considérées comme un résultat sérieux; et si au contraire elles ne doivent pas être mises au rang des jouets d'enfants, pour cause d'inepties qualifiées.

D'autant mieux qu'à Paris on a sous les yeux la preuve suivante : à la gare de Lyon, il existe une rampe de 30 millimètres qui monte des ateliers sur la voie, élevée de 6 mètres. La locomotive de gare peut remorquer jusqu'à 7 wagons en été, mais en hiver, cette machine ne peut même pas se remorquer elle-même; il faut une autre machine qui, placée sur la voie horizontale, la *hale* avec une corde !

Ce fait cinethmique est déjà connu depuis 12 ou 15 ans, et on s'obstine, quand même, à vouloir gravir les fortes rampes avec des roues ordinaires.

Pourquoi ? Oh! mon Dieu, parce qu'il n'y a qu'à copier les plans et les données des autres nations. Hélas! oui, c'est beaucoup plus facile et moins fatigant.

Mais, au lieu de se *balancer les pouces* en imitant les étrangers, n'aurait-on pas mieux fait d'essayer tous les moyens gravitants par une expérience sur chaque ligne, plutôt que de *jalouser* ses propres compatriotes ?

Je ne puis m'étendre davantage sur cette question, qui est toute politique et exigerait trois chapitres.

Et pourtant, cette question, de la plus haute importance, mérite d'être traitée à fond, et elle le sera.

Maintenant, j'entre dans l'explication des moyens proposés.

Notre œuvre d'utilité publique comprend trois grandes questions, savoir :

1° Les 8 appareils qu'on va voir, et qui sont destinés à supprimer tous les accidents, non-seulement sur le nouveau chemin de fer hipprômique, mais encore sur celui à vapeur dès qu'ils seront appliqués à ses véhicules.

2° Le chemin de fer hipprômique, qui, pourvu des appareils suivants, pourra aller partout où son service l'appellera ; et de plus, il permettra de multiplier les lignes, jusqu'à 37,000 kilomètres, qui pourront être exploitées avec bénéfice.

3° Le nouvel ordre d'architecture que ladite traction chevaline a fait naître ; car, pour desservir artistement les grandes villes de plus de 300,000 habitants, il faut des *trains fringants*, qui puissent gravir des rampes de 20 à 30 millimètres; tourner dans des courbes de 20 mètres de rayon ; et *vecgiler* 60 tonnes sur des ponts sveltes ou sur des *voîdreils arcadés*, élevés de 6 à 8 mètres et tous pourvus d'arcades de 50 mètres d'ouverture, afin d'obtenir une économie extrême dans ce nouveau genre de constructions.

Et non pas des wagons de 4,500 kilogr., ni des locomotives de 50 tonnes, et encore bien moins des machines à marchandises de 60,000 kilogr. ; lesquelles exigent des viaducs monstrueux comme celui de la ligne de Vincennes, coûtant un million par kilomètre.

Oui, mais pour atteindre cette perfection véhiculaire, que faut-il ? *Trois* moyens principaux : 1° un système gravitant et *refrénateur* dans les pentes ; 2° un frein très-puissant avec appareil d'*indéreilement;* 3° des véhicules très-légers, mais sans nuire à la solidité, de sorte qu'ils soient faciles à refréner dans un court trajet.

PREMIÈRE SECTION.

Solution du gravitement.

L'impossibilité de franchir les sommets des montagnes avec les moyens ordinaires me rappela mes observations faites en Afrique sur le gravitement des chats et des singes, qui grimpent aux arbres en enfonçant leurs griffes dans l'écorce.

Ce moyen gravitant ne produisit aucun résultat, parce qu'on ne peut rien enfoncer dans les reils... Enfin, un beau jour de mai 1849, je vis une belle chenille monter un brin de paille en le pinçant latéralement entre ses deux *rangées* de pattes.

Les premières pinçaient ce fétu à tel point ; les secondes et les troisièmes venaient pincer tout près de ce point; puis, les premières allaient repincer le fétu de paille un peu plus loin, et la marche gravitante s'opérait ainsi jusqu'à l'épi.

Ah! me dis-je, voilà le mode de gravitement trouvé, et par *pincement latéral!* C'est à moi maintenant de le rendre mécanique et fonctionnant de lui-même. En effet, car c'est le poids *seul* du tracteur qui le fait agir sans le secours de personne, ni engrainage, ni même aucune roue accessoire (Voir la roue motrice du plan, à la lettre F, indiquant l'appareil suivant) :

Description du GRAVIREIL.

L'intérêt de notre réputation nationale nous impose le devoir de suivre l'étymologie primitive en écrivant REIL, radical de reillière; et non pas *rail* à l'anglaise, à cause du mot railler.

Ce système de *gravireil* est très-simple, comme on le voit; il se compose de deux pièces seulement : le *Pinceur* F, et le *Poussoir* logé dans le rais de la roue. Ce dernier dépasse la jante de 2 millimètres, et lorsqu'il arrive à poser sur le reil, le poids du *Tracteur* le fait rentrer dans sa forure (du rais), et comme le bout supérieur du *Poussoir* est coupé en onglet, ce coulissement fait écarter par en haut la branche *f* du *Pinceur*, qui alors serre *latéralement* par en bas le reil entre le boudin de la roue motrice et la palette F dudit *Pinceur*, dont la branche flexible *f* est trois fois plus longue que la palette *pinçante*.

Ce pincement dure seulement l'instant que le *Poussoir* porte sur le reil; il est répété alternativement par les deux roues motrices, et produit une triple adhérence de *trois* fois le poids du tracteur ; ou plus, si l'on veut, selon la charge à remorquer.

Ainsi, un tracteur hipprômique de 7,400 kilogr. et muni de *Gravireils* aura la même adhérence que s'il pesait réellement 22,000 kilogr., et pourra facilement *tractionner* un train de 10 vecgils sans jamais éprouver un *seul retard.*

On voit, par le plan, que le gravireil sera placé à tous les deux rais des roues motrices; car, si ce pincement était continuel, il produirait une résistance trop grande, puisque, placé de 50 en 50 centimètres, il absorbe déjà la vingtième partie de la force motrice; c'est pourquoi je réserve une fraction dynamique pour répondre à son frottement.

Puis, si ce gravireil a la force de faire gravir les *Rampes*, il aura aussi le pouvoir de refréner la vitesse trop grande des trains sur les *Pentes*.

Son jeu étant élastique par la flexibilité de la branche *f* du *Pinceur*, il n'y aura pas de clapotement contre le reil; puis, son *usé* se réglera de deux manières, savoir :

1° Par le serrage de la vis de rappel, située au bout de la branche flexible *f*.

2° Par le changement de la pièce *Bossette* de frottement du pinceur qui pince le reil.

Ces deux sortes de règlements d'usé se feront en 3 minutes ; et l'on choisira toujours, soit un temps d'arrêt à une station ou pendant un rélai, qui se fera en cinq minutes.

Ainsi, avec ce *gravireil* on pourra donc gravir, par n'importe quel temps, des rampes de 20 à 30, et même 50 millim. à la rigueur ; quand, aujourd'hui, le système à vapeur recule devant les rampes de 16 millim. par mètre (avec ses *moyens ordinaires*).

DEUXIÈME SECTION.

Solution refrénatrice des trains. — Frein-étau à triple effet.

On a déjà essayé plus de 1,200 Freins refrénants, sans songer à supprimer les 330 déreilements qui ont lieu tous les ans sur notre Réseau ferré. Ainsi, la majeure partie des gens qui prétendent empêcher les accidents avec un Frein refrénant font la même sottise que celui qui, après avoir souscrit un billet de 1,000 fr. sans certitude de le payer, aurait la folle prétention d'empêcher les accidents (judiciaires) en présentant 200 fr. à l'huissier qui viendrait le saisir pour le mener à Clichy.

Quand, au contraire, un bon Frein complet doit empêcher :

1° Les *Rencontres* des trains et des voitures publiques, en arrêtant progressivement le train en marche par une puissance refrénatrice égale à celle d'un étau ;

2° Les *Déreilements*, qui sont aussi prompts qu'un coup de canon, et conséquemment toute manœuvre à faire pour les prévenir serait tout à fait illusoire ;

3° Les *Ruptures d'essieux*, au nombre de vingt-cinq en moyenne par an, non compris les ruptures de roues, qui causent des accidents dont la gravité est en raison de la vitesse acquise des trains et le lieu où elles arrivent.

Premier effet du Frein-étau. — Refrénation.

Cet appareil est tout semblable à un étau de serrurier, avec la différence qu'il est renversé ; ce qui permet aux Mâchoires courbées de serrer latéralement le *reil* entre elles ; et comme il y a deux reils, c'est donc deux étaux renversés qui forment le frein.

Ainsi, à 30 *mètres* de chaque côté des stations, un simple poteau indiquera au machiniste l'instant de faire agir ses freins ; et sitôt ce geste fait, les Mâchoires du double frein se rapprochent, serrent latéralement les deux reils avec la force de l'étau, et le train s'arrêtera *progressivement* à 24 ou 30 mètres plus loin.

Puis, un garde-frein appelé *vigie*, posté dans le dernier vecgil, desserrera avec son guindeau tous les freins, en ramenant leur manivelle au temps de repos, pendant que les voyageurs monteront en voiture.

Cette Manœuvre des Manivelles de freins se fera, soit à l'aide d'une double chaîne qui passera sous les véhicules, depuis la vigie jusqu'au machiniste, ou par tout autre moyen analogue, qui sera déterminé par la Machine modèle du spécimen.

Deuxième effet du Frein-étau. — Enreilement.

Les Mâchoires courbées de ce frein seront coulissées *sous* le champignon de chaque *reil*, et comme elles ne pourront en sortir qu'en démontant ledit frein, elles préviendront constamment les Déreilements sans le secours de personne ; et par cela même, donneront aux voyageurs une *sécurité complète* contre les déreilements que l'espèce humaine ne saurait empêcher, ni même prévenir...

Troisième effet du Frein. — Étaiement (par deux supports mobiles.)

Dès lors que les mâchoires courbées dudit frein emboîtent les deux reils, mais sans les toucher pendant la marche, il y a là deux *Étaies* vivantes, qui sont constamment prêtes à servir de supports mobiles dans les quelques cas extraordinaires où une rupture de roue ou d'essieu aurait lieu; et cette rupture fortuite d'essieu n'empêchera nullement le serrage des freins de s'opérer..... Preuve qui sera notoirement démontrée par la manœuvre du train modèle du premier spécimen.

Double valeur du Frein-étau.

Dès qu'on n'aura plus besoin de ce poids énorme de 4,500 kilogr., des wagons pour les empêcher de sortir de la voie, on pourra voyager en toute sécurité dans des véhicules qui seront 4 fois plus légers; il faudra conséquemment 4 fois moins de force pour les remorquer; ils coûteront 4 fois moins cher, puisque leur fabrication se paye à tant le kilogr.; et enfin, pour quatrième avantage, les reils dureront 4 fois plus longtemps !..... Est-ce clair ?

Un train complet de 6 vecgils et Tracteur, pesant 43 tonnes, y compris des 320 voyageurs et leurs bagages, ce poids est encore décuplé en marchant à 32 kilomètres à l'heure... C'est donc une puissance vélocifère de 430,000 kilogr. qu'il faut arrêter progressivement sans secousse, dans un faible parcours de 24 à 30 mètres, pente ou non, neige ou verglas...

On comprend dès lors pourquoi il faut 500 mètres pour arrêter un train à vapeur.

Ce Frein, à triple effet, a donc pour mission : 1° de maintenir constamment les machines métallifères dans la *bonne voie*; 2° d'empêcher les collisions de *Choses matérielles*; 3° de prévenir les écarts ou déreilements des *Êtres-roulants*; 4° et enfin, d'empêcher aussi les ruptures..... de *Conjoints véhiculaires*!

Fasse le ciel que la civilisation actuelle soit pourvue d'un tel frein ! !

TROISIÈME SECTION.

Question des Trains articulés.

Si, au lieu d'avoir des wagons de 4,500 kilogr., on a des vecgils de 1,100 kilogr. et tous pourvus d'un appareil d'indéreilement formant frein au besoin, on pourra placer à l'avant de chaque véhicule un essieu articulé.

Il est impossible d'expliquer la structure de ce vecgil; il faudra voir le modèle fonctionner pour bien concevoir sa combinaison; seulement, je dirai : les quatre roues de chaque vecgil sont indépendantes, et non cleftées sur leur essieu, qui tourne avec elles dans les lignes droites; mais dans les courbes restreintes de nos routes, les roues extérieures tourneront à la demande de la courbe, tout en conservant leur parallélisme parfait; sans quoi, il y aurait de fréquents déreilements.

Ce parallélisme est réglé par le serrage des coussinets à coulisse avec une vis de rappel; de telle sorte que nos roues indépendantes conservent leur rotation parallèle, comme si elles étaient rigidement accouplées sur leur essieu, et supprimeront les soubresauts que font les roues de wagons dans les courbes.

C'est précisément ce vice de roues rigides qui fit naître le déreilement de Fampoux; car c'est seulement la dernière moitié du train qui sortit de la voie et alla se précipiter dans la mare fangeuse située près de cette courbe.

C'est même cette catastrophe qui me donna l'idée d'armer chaque vecgil d'un petit appareil d'indéreilement pour la sécurité complète des voyageurs, afin de pouvoir donner un bulletin de place avec garantie de leur vie, pendant la durée de chaque trajet.

Mais que faut-il pour cela ? D'abord, pas d'aiguilles mobiles, et le moyen suivant :

BIFURQUE FIXE HIPPROMIQUE.
à l'échelle de 25 millimètres pour mètre.

Poteau placé à 10 mètres.

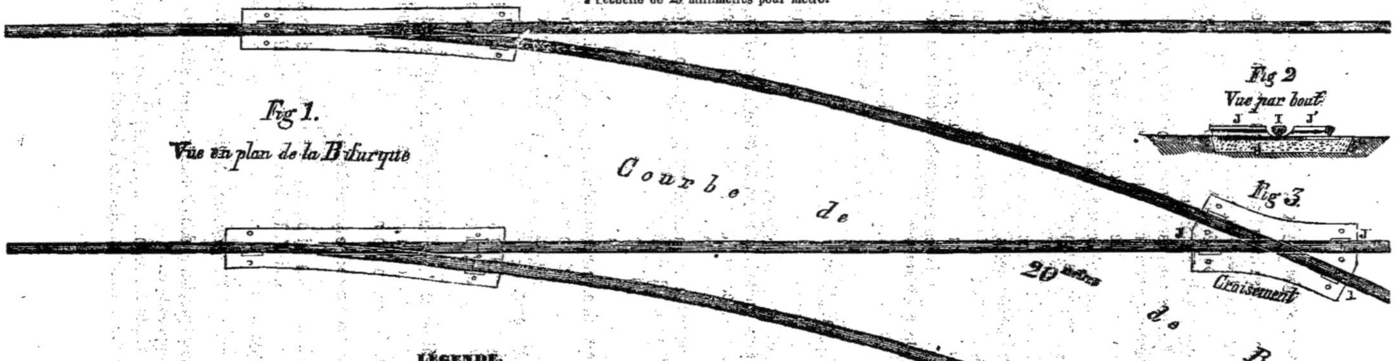

Fig 1.

Vue en plan de la Bifurque

Courbe de 20 mètres de Rayon

Fig 2
Vue par bout

Fig 3.

Croisement

LÉGENDE.

Ce Plan démontre qu'il n'existe aucune espèce d'aiguille mécanique dans notre changement de voie; j'ai supprimé ces aiguilles mobiles pour trois motifs: 1° à cause de leur dangereuse présence qui fait naître tant de déplorables accidents; 2° parce que leur prix de pose et d'entretien sera toujours plus élevé que le prix d'une *Bifurque-fixe*, comme celle-ci; 3° puis, à cause de leur gardiennage qui coûte 4 fr. par jour, et qui, étant supprimé, diminuera d'autant les dépenses d'exploitation.

EXPLICATION DES FIGURES.

Fig. 1re. La forme du changement de voie; la disposition des deux reils, élevés à 0m,06 centimètres au-dessus de leur Plaque d'assise, qui sera en acier fondu, coulée d'une seul pièce, et fera corps avec les deux reils rainés, qui sont liés par un coin avec le reil de raccordement.

Fig. 2e. Les deux ornières (agrandies) du reil I, dont la droite servira au passage du boudin des roues, et la gauche au passage du Pinceur des gravireils; de même que ces deux ornières serviront aussi au passage des griffes courbées du Frein-étau, qui, étant coulissées sous le champignon, préviendront les déreilements.

Fig. 3e. Le croisement ne faisant également qu'une seule pièce avec les reils rainés en losange, ces trois Plaques Bifurques seront façonnées à l'atelier, et n'arriveront à pied d'œuvre que parfaitement finies; afin que les manœuvres n'aient qu'à les poser dans leur entaille préparée d'avance dans le Béton B, qui servira d'assise séculaire aux reils; ces reils seront, comme l'indique la fig. 2, au niveau du sol dans les villes et sur les passages à niveau.

BIFURCATION FIXE.

Il est inutile, je crois, de rappeler la dangereuse invention des aiguilles mobiles de changement de voie ; tout le monde connaît leur défectueuse combinaison.

C'est pour cette raison que nous avons tant persévéré à produire un autre moyen plus simple et moins coûteux ; mais dix fois plus difficile à fabriquer.

Qu'importe la difficulté de l'exécution ? L'essentiel est d'avoir un bon résultat.

Mais pour atteindre ce but, il a fallu tout cet ordre de combinaisons:

1° Des tracteurs et des vecgils ne dépassant jamais le poids de 8,000 kilos ;

2° Des essieux libres et des roues indépendantes n'occasionnant aucun soubresaut dans les courbes, ni aucune torsion d'essieu qui provoque les ruptures.

3° Des véhicules pourvus d'attelage élastique pour faciliter le départ des trains ; et ces attelages doivent être à timon embrayant avec brisure horizontale seulement, pour refréner le tangage des véhicules, qui occasionne des déreilements.

4° Des écartements combinés de reils, n'ayant qu'un jeu très-régulier de 5 millim. entre les reils et la différence d'écartement du boudin des roues pour n'avoir que ces 5 millim. de ballottements horizontaux ; réduisant ainsi les 3/4 du jeu de lacet des trains ; puisque ce jeu est de 20 millim. et souvent de 25, dans le système à vapeur.

Or, avec 5 millim. seulement de jeu entre les reils et le boudin des roues, voici le résultat.

Description.

Le plan ci-contre démontre le changement de voie hipprômique rendu à sa plus simple expression : *pas* d'aiguille mobile et *pas* de gardiennage à payer.

C'est le *poteau* indicateur qui donnera au machiniste le signal d'articuler son *Dévije* placé aux roues d'avant du tracteur, et c'est avec ce *Dévije* (essieu déviant) qu'il fera, avec une grande précision, ses changements de voie à sa volonté.

Toutes les bifurques étant à 20 mètres de rayon, comme l'indique le plan, la course du lévier d'articulation du tracteur sera marquée d'avance; de sorte que le machiniste n'aura qu'un geste à faire pour opérer son changement de voie. Ainsi, avec le *Dévije*, facile à manier, c'est le machiniste *seul* qui changera de direction sans le secours d'aucun aiguilleur ; car enfin, si on avait les mêmes frais accessoires, où serait donc l'économie d'exploitation ?

Le poteau indicateur portera un Fanal qui, étant pourvu d'une belle lumière pendant les nuits, servira en même temps : et d'indice au machiniste, et de réverbère pour éclairer la bifurque qui sera aussi embranchement de route.

Mais pour utiliser ce *Dévije*, il a fallu rigoureusement produire cette combinaison de bifurque avec cette *rainure curviligne* pratiquée dans le reil ; et cette rainure doit parfaitement profiler la courbe de l'embranchement.

Puis il a fallu aussi connaître l'inclinaison de l'axe transversal de la voie ; savoir d'abor de combien de millimètres il fallait élever le reil extérieur, pour arriver à faire toucher les boudins des roues contre le reil intérieur des courbes pendant la marche du train.

Question de la force centrifuge.

Cette puissance mystérieuse de la cinethmie est en raison de la vitesse acquise des véhicules en marche, dont les 3/4 des déreilements sont dus à l'effet de cette force centrifuge qui est considérable dans les courbes à faible rayon.

Extrait de mes expériences faites en 1850, avant de modifier mon tracteur.

Lesquelles seront encore répétées l'année prochaine dans le terrain privé, où sera construit le premier spécimen du chemin de fer hipprômique.

Ainsi, d'après mes études cinethmiques (du mouvement en général) j'ai reconnu que pour marcher en toute sécurité, il faut rigoureusement des véhicules à 4 roues et non à 6...

Des Dévijes très-sensibles et faciles à manier, des reils extérieurs élevés de 5 °/m plus haut que les reils intérieurs dans les courbes de 50 mètres de rayon ; puis, dans les autres courbes à 20 mètres, si les véhicules doivent marcher à la vitesse de 50 kilomètres à l'heure, le reil extérieur doit être élevé à 8 °/m . plus haut que le reil intérieur au centre de la courbe.

J'ai reconnu cette nécessité, comme tout le monde a pu le faire, en voyant les chevaux courir dans les cirques, où le cheval incline son corps en dedans du cercle parcouru ; de même que l'écuyer, quand il fait ses grands ébats équilibristes, penche toujours son corps en dedans, et jamais en dehors du centre pivotal.

C'est ainsi qu'avant de rien modeler, j'ai dû étudier, dessiner et raisonner profondément tous les problèmes à résoudre avant de les exécuter.

Si ce *Dévige* n'est pas applicable au chemin de fer à vapeur, à cause de ses locomotives à 6 roues, du moins le système de *Gravireil* peut s'adapter aux roues motrices actuelles ; comme les moyens suivants sont applicables aux wagons en usage.

Attelage automane s'attelant de lui-même sans le secours de personne.

Tous nos vecgils seront pourvus d'un attelage élastique, à timon embrayant, avec brisure horizontale à nœud de compas, et de manière à se prêter aux articulations, très-arquées, de nos courbes à faible rayon. Mais, il est essentiel surtout que cet attelage embrayant soit combiné de manière à refréner le tangage des vecgils en marche, parce qu'un tangage prononcé facilite les dérailements, et secoue violemment les voyageurs.

Ainsi, dès lors que cet attelage s'embraye de lui-même sans le secours d'atteleurs, et qu'il peut être dételé en dehors du train avec une clef spéciale, les hommes d'équipe n'auront jamais à se mettre entre les deux tampons des vecgils.

Cet attelage automane supprimera donc, d'un seul coup, les 65 tamponnages d'hommes d'équipe qui, tous les ans, ont lieu sur notre réseau...

Avantage essentiel de cet attelage ! car, chaque homme *tué* par tamponnage fait une veuve et des orphelins, et coûte de 18 à 20,000 francs à la Compagnie.

Roues pivotines indépendantes.

Les deux bouts de l'essieu sont à pointe en acier, et, à 20 °/m plus loin, existe un collet sur lequel portent les coussinets à coulisse du moyeu de la roue. Il y a donc 2 portées à chaque bout d'essieu pour maintenir le parallélisme des roues.

Ce moyeu supprime les soubresauts de roues, et, de plus, les torsions d'essieux tournants dans les courbes, torsions produites par les roues cleftées sur leur essieu.

Ainsi, ces deux graves inconvénients disparaissent complètement par l'organisation pivotine des nos Roues, qui suppriment également les 4/5es des frottements d'essieu ; puisque leur *Pivot* et leur collet-support ont seulement 20 °/m carrés de surface frottante par roue, formant 80 °/m. par vecgil, au lieu 400 °/m de frottement par wagon.

Or, avec ces Roues indépendantes, on pourra facilement circuler, sans danger, dans des courbes de 20m de rayon ; quand, pour marcher convenablement, il faut de toute rigueur des courbes de 300m avec les roues rigides des wagons.

Mais je n'ai pu rien produire de bon, avant d'avoir appris le tour sur bois.

Cette solution étant résolue, je l'ai soumise à l'examen de plusieurs personnages de chemin de fer, qui, après l'avoir examinée, l'ont approuvée comme praticable.

« Car, dirent-ils, si tous les wagons étaient pourvus d'un petit appareil d'indéreilement, « servant de Frein au besoin, on pourra s'en servir dans tous les cas d'isolement de wagons « sur les pentes ; et même dans des temps d'arrêt brusque, soit pour éviter une rencontre « (exceptionnelle), ou tout autre accident semblable. »

D'après ce dire, je me suis appliqué à combiner un wagon modèle ; d'abord, pour servir notre réputation nationale ; puis, pour la satisfaction de tous les voyageurs ; et enfin, pour la plus grande jubilation des fumeurs en général.

Vecgil hipprômique.

On a déjà constaté beaucoup d'accidents occasionnés par des wagons isolés qui, poussés par un fort coup de vent, sont allés heurter d'autres véhicules en gare. Et pour peu que ces wagons, ainsi poussés, soient chargés à 12,800 kilogr., tout compris, jugez quel doit être le choc de ces wagons isolés qui tombent violemment sur d'autres wagons en repos!

Quel fracas! c'est à tout briser!

Sur nos routes, à surface raboteuse, ces accidents sont moins à craindre, mais avec des rails si unis qu'un *rien* produit l'impulsion d'un véhicule, on doit se prémunir contre ces sortes de malheurs ; où alors, on n'est pas prévoyant.

Maintenant, toutes les nations qui possèdent des chemins de fer ont leur modèle de wagon avec compartiments spéciaux; water-closet, etc., etc., lesquels sont plus ou moins commodes; mais pas complétement, d'après le dire du public.

On verra, par le train modèle du spécimen hipprômique, qu'il y aura une nouvelle installation de places, à 54 par vecgil, avec tout ce qu'il faut pour être agréable aux voyageurs ; double utilité que je ne puis décrire ici faute de place.

Seulement, je peux citer cet avantage à la grande joie des fumeurs :

Ces nouveaux vecgils auront 4 compartiments, ou 2 *travées* chacun ; celles-ci seront séparées par une seule cloison vitrée : la 1re travée sera réservée aux dames et aux messieurs qui ne fument pas ; et la 2e travée, exclusivement aux fumeurs.

Et de plus, ces derniers ne seront même pas incommodés par leur propre fumée, car il y aura un *tube aspirateur* qui, placé sous la toiture du vecgil, *humera* instantanément l'air vicié par la respiration de tous les voyageurs, et même jusqu'à la fumée du tabac.

Ce tube aspirateur sera de toute la longueur du vecgil; ses deux orifices seront en bouche évasée comme celle d'une espingole, et dès que le train sera en marche, il s'établira un courant d'air rapide dans ce tube qui, par ses 2 soupiraux intérieurs, aspirera, des 2 travées, l'air vicié et le lancera violemment en dehors.

Cet avantage est déjà produit et *breveté* depuis 1855... Ah! si on avait pu le faire tomber dans le domaine *dit public*, quelle bonne aubaine pour les Compagnies du chemin de fer à vapeur!

Oui, car voilà les appareils qui sont applicables aux véhicules de ce système, lesquels permettraient à ses trains d'aller partout où leur service les appellerait. Puis, la marche des convois serait plus régulière; les 7/8es des retards disparaîtraient ; et les 2 tiers des accidents seraient supprimés sur les grandes artères ferrées actuellement exploitées.

Commentaires.

En agissant ainsi, les Français pourraient dire au moins qu'ils ont fait quelque chose dans l'art des services de transport sur terre. Aussi, après ce simple énoncé, beaucoup de *Personnes* vont se dire en elles-mêmes.

« — Mais alors ce n'est pas la peine de nous parler de traction chevaline; il faut tout simple-
« ment appliquer ces appareils aux véhicules du chemin de fer à vapeur, pour la plus grande
« joie des fumeurs, et *tout* sera dit!

« Car alors ce système sera radical dans son principe de service véhiculaire; les grandes
« lignes à longs détours seront redressées; les impasses de voie annulés et les montagnes
« seront franchies avec la vitesse réglementaire de 32 k^{ilos} à l'heure.

« Mais enfin, c'est tout ce qu'il fallait à nos locomotives; et, pour ne pas nous montrer trop
« exigeantes, n'en demandons pas davantage, pour la plus grande gloire de Dieu..... et
« du système à vapeur! »

— Ah! chères lectrices, détrompez-vous sur cette locomotion vaporifère, car voici une grosse, une formidable impossibilité, qui s'oppose formellement à la multiplicité des moteurs à feu, et que vous allez voir par la question houillère suivante.

CHAPITRE V.

PRÉAMBULE.

Tant que le réseau entier du chemin de fer à vapeur ne sera pas construit, on conservera intacte toute la réputation de ce système, pour ne pas effrayer les futurs actionnaires, qui n'avanceraient plus de fonds pour le parfaire.

Et alors, pour parer ces coups de ruine désastreuse, les grandes Compagnies sont obligées de construire à leurs frais les petites lignes, qui n'ont pas autour d'elles les éléments nécessaires pour faire honneur à leurs énormes dépenses d'exploitation.

La ligne de 52 kilomètres de Béziers à Graissessac ne pouvant plus joindre les deux bouts de ses recettes avec ses dépenses, s'est ruinée avec son moteur à feu, qui est *huit fois* trop coûteux pour une si petite ligne, et a fait *volte-face* à ses actionnaires.

L'État l'a achetée et l'exploite... Oui, mais avec une perte de 535,000 fr. par an ! Perte que le système hipprômique va lui supprimer en substituant sa traction. Car autrement il en serait de même pour toutes les autres petites lignes de raccordement, dès qu'elles seraient toutes construites sur tracé spécial et desservies par la vapeur. Thèse, qui sera notoirement démontrée dans les chapitres suivants de cet opuscule.

Du reste, la ruine récente du chemin de fer de la Croix-Rousse au camp de Sathonay, qui vient d'être mis sous séquestre de l'État, par décret du 26 octobre 1864, établit la preuve de notre assertion concernant la non-exploitation des petites lignes par la vapeur...

Ceci posé, nous allons démontrer la fin prochaine du charbon de terre en Angleterre, qui aura lieu dans 212 ans.

PREMIÈRE SECTION.

Tableau des kilomètres exploités par ordre numérique.

EN 1857.

	ÉTATS.	NOMBRE.	COUT GÉNÉRAL.	PAR KIL.
				fr.
1	États-unis......	27,000	3,433,968,000	127,184
2	Angleterre	13 370	7,220,334,000	540,040
3	France.........	6,214	3,126,039,973	503,310
4	Prusse.........	4,003	382,383,132	220,595
5	Autriche.......	3,424	830,400,200	242,523
6	Belgique.......	1,624	431,007,934	255,775
7	Italie.........	1,231	301,099,820	245,329
8	Bavière........	1,172	243,839,400	217,825

EN 1863.

	ÉTATS.	NOMBRE.	COUT GÉNÉRAL.	PAR KIL.
1	États-Unis	44,295	6,379,342,268	141,736
2	Angleterre	18,597	10,042,380,000	540,006
3	France.........	11,102	4,140,800,000	400,000
4	Autriche.......	8,905	2,189,596,075	245,515
5	Prusse.........	6,058	1,836,837,464	220,508
6	Russie.........	3,496	....	....
7	Espagne	2,734	....	....
8	Belgique.......	2,014	514,363,425	255,775

Voilà les chemins de fer exploités au 31 décembre 1863; mais aujourd'hui il y a déjà une certaine variante dans le prix d'établissement de ce nouveau genre de construction, en raison du Progrès obtenu dans cet art.

La France marche toujours au 3ᵉ Rang en fait de chemin de fer, par rapport à sa superficie territoriale, mais, si l'on compte par hectare carré et par million d'habitants, elle se trouve alors classée au 4ᵉ Rang, c'est-à-dire après la Belgique.

Production générale du charbon de terre en Europe.

1. ANGLETERRE : le maximum était, en 1861 de   83,635,214 tonnes   (Aujourd'hui la production an-
2. PRUSSE : elle extrait maintenant...........   11,779,254 —   glaise est de 81,638,338 tonnes ; soit
3. FRANCE : sa production est de............   10,500,000 —   2 millions de moins.)
4. BELGIQUE (État de 4,300,000 habitants).....   7,795,172 —
5 à 8. Divers autres pays, ou maximum..........   2,500,000 —

TOTAL........ 115,609,640 tonnes de houille extraite.

Importation houillère en France.

La BELGIQUE en fournit sur sa part extraite..   2,789,165 tonnes (en moyenne).
L'ANGLETERRE, pour une part bien minime de   1,204,822 —   —
L'ALLEMAGNE, la PRUSSE et divers autres pays   1,306,013 —   —

TOTAL des tonnes de houille importées   5,300,000 tonnes.   (La France ne peut donc pas se suffire.)

Pourquoi? Parce qu'il est dit dans toutes nos statistiques que nos voies de transports ne sont ni assez nombreuses, ni assez perfectionnées, ni assez économiques pour avoir la houille étrangère au même prix du combustible indigène .

Question qui vient d'être démontrée par le comité des Houillères françaises ; et pourtant, la baisse du prix des charbons indigènes a toujours été décroissante depuis 1862... Il faut donc, dit M. Burat, des transports rapides et à bon marché !

Nous avons en France 270 concessions houillères exploitées, et 165 qui ne le sont pas. Mais le chômage de ces dernières n'est guère à regretter; car, en Belgique, il y a 102 mines en gain régulier, et 66 mines en perte constante. Et alors, comment peuvent-elles se soutenir ?

Aussi le bénéfice net du charbon est si réduit, qu'il n'y a que 88 *centimes* par tonne en moyenne; bénéfice *bien maigre* par 1,000 kilogr. de charbon extrait des entrailles de la terre, et encore sans compter les nombreux accidents.

DEUXIÈME SECTION.

Consommation houillère.

Il faut forcément admettre que, dans 10 ans, toutes les puissances européennes pourront avoir leurs 10,000 kilomètres de voies ferrées en moyenne, et qu'elles seront desservies par la vapeur qui brûle beaucoup de charbon.

Elles auront aussi, sans nul doute, autant d'usines, de manufactures et de navires à vapeur que nous. Et, dans ce cas, on arrivera à la consommation suivante :

La France, en coke et en charbon de terre, consomme........... 15,300,000 tonnes.
L'Angleterre brûle le tiers de son produit, soit de............. 27,878,400 —
Toute l'Allemagne et la Prusse (ensemble)................... 30,600,000 —
Toutes les Russies, comme étant trois fois plus grandes que la France, 45,900,000 —
L'Autriche, l'Italie et l'Espagne (ensemble) .... 45,900,000 —

TOTAL de la consommation européenne dans 10 ou 12 ans....... 165,578,400 tonnes.

Or, la production générale n'étant que de.................... 105,709,000 tonnes,
Il y aura donc 59 millions 869,000 tonnes qui manqueront à l'appel.

Et où va-t-on les trouver? Oh! pas en Europe toujours... Car si l'on mettait en activité les 165 mines en chômage, on trouverait peut-être 8 millions de tonnes tout au plus, et 10 millions au grand maximum. Mais où trouver les 50 autres millions? en Amérique? Mais elle n'en a pas assez pour elle, puisque l'Angleterre lui en fournit !

Allons, modernes pyrolâtres ! mettez-vous en campagne, armez-vous de lanternes, de sondes, et furetez dans tous les coins, pour découvrir de nouveaux gisements; car, dans 15 ans, toutes les couches houillères ne suffiront pas pour alimenter vos millions de machines pyrobalistes (mues par le feu, et qui roulent rapidement).

Puis, ce n'est pas tout ; car enfin, avec quoi chaufferez-vous les locomotives des chemins de fer Africains, Australiens, Indiens et Chinois, quand ces grands continents auront aussi leur réseau de 10,000 kilomètres en pleine exploitation?

Est-ce avec de la tourbe ou du *poussier de motte?*..... O vous! lecteurs sensés, croyez-vous maintenant que tous les vaporistes possèdent encore l'essence de leur raison? Car on peut vérifier le fait en constatant, par le thermomètre, le degré de leur aberration calorique, c'est-à-dire leur inqualifiable gaspillage de ce précieux combustible sans aucune prévoyance.

Hélas! ce n'est pas tout encore! car voici le *glas funèbre* qui va suivre ce petit préambule, indispensable pour rendre plus saisissant le discours Armstrong. Quand un soldat arrive au douzième mois de sa délivrance, il commence déjà à compter les *pains* de munition qu'il doit encore manger; et lorsqu'il arrive au deux centième, il dit : Oh! après-demain je n'aurai donc plus que 199 pains à manger avant de revoir mon pays. C'est alors qu'on le voit s'encourager lui-même; car alors seulement, son teint est plus vermeil, ses yeux souriants sont bien plus expressifs, son activité est mieux raisonnée, et, par un geste frébile, il rompt son pauvre pain de munition en calculant toujours les bouchées qu'il aura encore à manger.

Eh bien! chers lecteurs, autant le soldat compte avec joie les jours de son existence militaire, autant la moderne Albion voit avec tristesse ce jour arriver, mais avec cette tristesse qui met la mort dans l'âme! Car l'Angleterre suppute tout autrement que le soldat : hélas! oui, elle compte déjà les années de son existence industrielle comme fait un condamné à mort!

Ecoutez, chers lecteurs, la voix retentissante de sir W. Armstrong.

« L'Angleterre, dit-il, épuise trop rapidement sa meilleure production nationale, qui est la
« houille... combustible précieux s'il en fut jamais! L'Angleterre approvisionne tous les mar-
« chés du monde de cette houille supérieure, qui augmente en quantité avec une rapidité
« inouïe... Le rendement a triplé depuis vingt ans... Toutes les entreprises qui consomment
« ce combustible se sont développées d'une manière exceptionnelle. Cette augmentation a été
« de 2,750,000 tonnes par année, et nous avons estimé que toutes les *couches houillères*
« du sol britannique seront complétement *épuisées en 212 ans...*

« Mais, bien avant ce temps, le prix de revient de nos exploitations houillères sera si
« élevé, que l'Angleterre sera *supplantée* sur tous les marchés par les autres pays, qui
« *commenceront* seulement à récolter leur richesse minérale. Suivant nous, on devrait songer
« à l'économie, car nous pouvons prouver par expérience que la consommation du charbon, par
« les machines à vapeur, peut produire *trente fois* plus de force qu'elle ne donne aujourd'hui. »

(Puis sir Armstrong ne se borne pas là; il termine son discours d'ouverture par ceci) :

« Nous espérons encore que l'industrie découvrira de nouveaux moteurs, ou du moins elle
« *recourra* à la puissance des cours d'eau ; car on est admirablement étonné de voir que la
« force prodigieuse des chutes du Niagara serait suffisante pour faire marcher toutes les
« manufactures du monde, s'il était possible de concentrer ces manufactures dans le voisinage
« de ces chutes.

« On pourrait ainsi *reculer* considérablement l'épuisement de nos houillères, *si l'on savait*
« utiliser avantageusement les ressources de la science et la consommation intelligente de ce
« précieux minéral. »

Entendez-vous cette intéressante Angleterre supputer les années de son existence industrielle et de sa grandeur maritime? car la voilà déjà aux portes de l'éternité, comme une
malheureuse *poitrinaire* qui, après avoir eu, comme l'Angleterre, bien des *envies*, compte
aussi les jours de son existence éphémère, et dit, en jettant un soupir navrant : Hélas! l'année
prochaine, au 1er mars, je n'aurai donc plus que 211 jours à vivre...

Mais au moins l'Angleterre peut encore dire qu'elle a 211 ans d'existence!... Pourquoi?
Parce qu'il est avéré qu'aussitôt sa houille épuisée; la nation anglaise est à tout jamais perdue,
comme il est facile de le constater... Ses phalanges de mineurs émigreront dans les autres pays
houillers, et feront naturellement concurrence à leur propres houillères indigènes.

Ses Docks deviendront déserts, parce que l'âme de son industrie n'existera plus! Ses milliers de vaisseaux *pyrobalistes* ne sillonneront plus les mers, parce que son *souffle vaporifère* sera retourné dans le néant! O triste prévision! Elle sent déjà les symptômes de son râle commercial, puisque ses plus éminents champions demandent à la science et à l'industrie des moyens d'économiser son précieux minerai, que l'on gaspille à tout propos, sans prévoyance.

Hélas! oui, la voilà qui déjà se prépare à mettre le pied dans le dédale de l'éternité, comme a fait jadis la nation Carthaginoise, qui, semblable à la *société* anglaise, a également brillé d'un vif éclat pendant deux ou trois cents ans. Mais depuis 19 siècles que sa marine, qui était l'âme vivifiante de l'antique Carthage a disparu, cette âme ne fut pas plus tôt engloutie dans les flots, que la nation tout entière retourna dans le néant!

TROISIÈME SECTION.

Prépondérance britannique.

Aujourd'hui la nation anglaise est au paroxysme de sa grandeur maritime, comme elle est au dernier échelon de sa splendeur industrielle; car il est impossible de lutter avec elle: d'abord, à cause de son esprit d'initiative qui n'existe pas en France ni dans aucune autre puissance européenne, sauf la Belgique; puis, à cause des avantages suivants :

M. Burat nous dit : « Notre houille indigène , qui vaut 10 francs la tonne sur le carreau « de nos mines, ne vaut que 6 francs en Angleterre; et si l'on veut employer son combustible, « il arrive ceci : la houille, prise sur la halde des mines, coûte 6 francs la tonne; mais « rendue au bord de la mer et embarquée, elle coûte déjà de 7 fr. 50 c. à 8 francs : puis son « transport dans un de nos ports varie entre 10 et 14 francs : le charbon anglais revient « donc à 20 ou 22 francs pris à bord sur les côtes de la Manche. Plus, il y a encore le dé- « barquement, le transport aux usines du *littoral*, et la perte des déchets. Enfin, quand la « houille albionne ne coûte que 24 francs la tonne, rendue à nos fourneaux, où elle doit être « consommée, on peut se flatter d'être dans de très-bonnes conditions de proximité.

« Or, vous, Industriels français, vous payez au moins 24 francs la tonne de charbon (sur « les littoraux de la Manche), quand, en Angleterre, il est à proximité des manufactures, qui « le payent seulement de 6 à 7 francs la tonne (soit quatre fois moins cher). »

Ainsi, une machine *fixe* de 20 à 25 chevaux-vapeur, qui consomme en moyenne 500 kilogr., de charbon par jour, coûte, en Angleterre, 3 fr. 50 c.; quand, en France, il y a déjà 12 francs de combustible par jour, presque quatre fois plus cher, pour notre force motrice d'usine; donc le prix des objets manufacturés doit être deux fois plus élevé.

Voilà les avantages de la production houillère en Angleterre ; oui, mais, hélas! à quel prix a-t-on cette richesse momentanée ? En 1861, il a péri 943 personnes! En 1862, 1,133 mineurs ont trouvé la mort : le seul sinistre de Hartley fit 209 cadavres!

Dans les mines de fer, le chiffre des mineurs tués est moins élevé : en 1862, on trouve 705 personnes tuées; mais les sinistres ont une tendance à se multiplier : ainsi, plus l'activité des mines s'accélérera, plus il y aura de veuves et d'orphelins.

Et puis, on viendra nous dire : la population anglaise reste stagnante !... En 1851, elle était de 27 millions et demi d'habitants, et, en 1864, elle est seulement de 29,031,000 âmes! C'est ma foi bien étonnant! cette nation crée des industries qui déciment sa population.

Et la preuve, c'est qu'il périt 1,500 personnes par an dans ses mines seulement, sans compter ses sinistres maritimes et la mortalité ordinaire de sa population, qui est également considérable, comme on le sait, à cause du terrible spleen.

Pourquoi? Pour avoir l'insigne gloire de primer sur toutes les autres nations.

Oui! mais, la fin prochaine de son moyen de production donne déjà le *vertige* aux enfants de la moderne Albion; et cette terrifiante constatation va forcément arrêter l'extension des moteurs pyrobalistes, déjà trop nombreux. Non pas pour les navires à vapeur, ni pour les usines, où il faut grouper une force considérable dans la rotation d'un arbre de transmission, mais pour les chemins de fer, où la force peut se diviser à l'infini...

Or, en supposant que les États se bornent à faire propulser les trains de leurs lignes stratégiques par la vapeur, leur réseau de 10,000 kilomètres exigerait l'emploi de 3,300 locomotives, qui brûlent en moyenne 15 kilogr. de charbon par kilomètre parcouru.

Et comme chacune d'elles parcourt environ 120 kilomètres par jour, c'est donc 2,168,000 tonnes de charbon consommé dans chaque État seulement pour les chemins de fer.

Les huit États nommés page 27, et ceux-ci : Espagne, Hollande, Prusse rhénane, Allemagne, Russie et Suisse, Amérique australe, Canada, Brésil, Afrique septentrionale, Australie, Inde et la Chine, formant ensemble 21 puissances, qui pourront avoir comme nous, dans 10 ou 15 ans, leurs 3,000 locomotives pour desservir leurs grandes lignes stratégiques. Ces 21 *régiments* de pyrobalistes roulantes consommeraient 45,500,000 tonnes de charbon par an; et l'on vient de voir, page 28, qu'en mettant toutes les houillères en activité, il y aurait encore 50 *millions* de tonnes, qu'on ne pourra jamais trouver dans l'écorce terrestre.

Tandis que si l'on parvenait à supprimer totalement les locomotives, il ne manquerait qu'une faible quantité de 4 millions et demi; et alors nos mines européennes pourraient suffire à la consommation houillère pendant 212 ans.

Mais après ce temps, que deviendront nos industries activées par la vapeur? Elles retomberont dans le néant, ou redeviendront ce qu'elles étaient au moyen âge, c'est-à-dire dans une nullité presque complète. Et voici le pourquoi.

QUATRIÈME SECTION.

Durée de la pénurie houillère.

On vient d'entendre la voix édifiante de sir Armstrong sur l'épuisement prochain des gisements houillers en Angleterre; essayons d'en tirer la conclusion.

Tous les industriels lettrés savent qu'on ne trouve la houille que dans la zone tempérée de l'hémisphère boréale; car les zones glaciales sont trop stériles, et les zones torrides sont trop sèches pour en posséder une parcelle.

Or, pour empêcher les nations de tomber dans une épouvantable guerre civile par le manque subit de ce précieux aliment des industries actuelles, un devoir impérieux m'oblige à faire, par abrégé, la révélation suivante, pour dessiller les yeux des énergumènes de la vapeur.

Il est impossible de se figurer qu'il faut à la nature 14 ou 15,000 ans pour produire un amas houiller, s'il n'est qu'à 12 ou 15 mètres de profondeur; mais ceux qui sont 6 ou 8 fois plus profonds existent déjà bien avant cette époque.

Le charbon de terre n'est autre chose que le bois de forêts engloutics dans les bas-fonds, couvert d'alluvions, et minéralisé sous les vases végétales qui sont amenées du sommet des collines par les *mers Pliocènes*, lesquelles reviennent envahir notre hémisphère boréal après une retraite de 10,500 ans.

Le mot *Pliocène* est composé de *Plio*, ablatif de *Plisso*, qui signifie : *aller, enjamber*, et de *Cénos* : *vider, évacuer*; et en latin *ad-luere* : baigner.

Ainsi Pliocène signifie donc : *Mer qui envahit* une contrée, *enjambe* les sommets et dénude les mamelons, avec sa marche houleuse pour combler les bas-fonds; puis se retire avec la même cadence, après une longue période de résidence stagnante.

C'est pourquoi l'on trouve dans les bas-fonds de l'écorce terrestre des terrains primitifs, secondaires, tertiaires et alluviens (*ad-luere*) lesquels terrains ont été rapportés par les mers *Pliocènes* à 4 époques différentes, et intercalées par une période *Miocène* de 10,500 ans, qui restera encore 3,670 ans dans son état actuel.

Ceci dit, nous allons voir en deux mots la production naturelle du charbon de terre.

Tous les continents primitifs avaient de grandes forêts impénétrables, comme on en trouve encore de nos jours dans les deux Amériques, et qu'on appelle forêts vierges ; c'est-à-dire où l'homme n'a jamais mis le pied. D'un autre côté, on sait positivement, par des remarques d'*ombre*, que la terre a trois mouvements bien distincts :

1° le mouvement *diurne* sur elle-même qui se fait en 24 heures ;

2° Le mouvement *sidéral* autour du soleil, fait en 365 jours, et un reste de 6 heures qui nous donne l'année bissextile tous les 4 ans ; et enfin, 3° le mouvement oscillatoire des pôles, produit par la *précession* des équinoxes (éloignement et rapprochement du soleil).

La marche de ce troisième mouvement est de 50 secondes 10‴ par an ; mais il y a un autre mouvement basculatoire de l'axe terrestre qui se fait en 21,000 ans, et qui nous donne l'apogée du pôle arctique dans ce laps de temps.

Son dernier mouvement ascensionnel s'est opéré en 4,960 ans avant notre ère, d'après les chronologistes chinois, les *seuls* qui doivent faire autorité, puisque eux *seuls* ont pu survivre aux révolutions pliocènes, et qu'on appelle déluges.

Ne pouvant traiter de matière politique dans cet opuscule, je publierai cette question dans un autre ouvrage, avec des figures géométriques, où je pourrai parler de toutes choses. En attendant, nous allons traiter la question houillère ; point capital de notre système hippromique, puisqu'il n'en consomme pas une parcelle.

Ce quatrième mouvement basculatoire est d'environ 53 tierces par an. Il est produit par la diminution de la chaleur arctique pendant 10,500 ans, *et vice versa*.

Les mers australes ont plus de 4,000 mètres de profondeur, quand les mers boréales ont tout au plus 600 mètres. Celles-ci doivent donc avoir 4 fois moins d'étendue que les australes, et aussitôt le basculement du pôle nord achevé, c'est l'inverse qui aura lieu.

Alors les mers boréales, devenues australes par ce mouvement, s'élèveront de suite à 2 ou 300 mètres au-dessus des côtes européennes et des autres continents boréaux, dès que le mouvemement basculatoire sera commencé. Ces mers houleuses envahiront les plaines de la Vendée, de la Sologne, etc. ; toutes les îles de l'Archipel grec n'existeront plus ; la plaine de la Mitidja, en Algérie, redeviendra mer, comme elle a déjà été, et n'est même pas entièrement irriguée. D'un autre côté, la Polynésie australe formera un grand continent.

Or ces mers Pliocènes, qui dénuderont les mamelons par leurs mouvements saccadés, entraîneront avec elles l'humus, l'argile et les glaises venant de tous côtés.

Voilà donc plusieurs forêts de plaines et de collines englouties par ces mers, dont l'eau sera naturellement troublée par les terres végétales qui, dès le mouvement basculatoire achevé, formeront une vase très-épaisse au fond des eaux.

Les arbres de ces forêts englouties seront tordus et couchés par le *remous* des mers ; ces arbres, ainsi affaissés sur eux-mêmes, se grouperont au fond des vases ; la matière végétale se durcira, en quelque sorte, dans cette situation, jusqu'à la retraite des mers Pliocènes, *et voilà un gisement de charbon de terre tout formé*. Alors commencera lentement une espèce de carbonisation latente de la matière végétale, produite par la chaleur archéale du globe, dont le trop plein s'échappe par le cratère des volcans, et cette chaleur archéale va carboniser à froid cette houille qui mettra des siècles à devenir ce qu'elle est aujourd'hui.

La houille n'existe que dans notre zone tempérée... Pourquoi ? Parce que, pour obtenir ce noir cristalin qu'elle a, quand elle est bonne à brûler, il lui faut :

1° Des pluies fréquentes pour la maintenir constamment dans un état d'humidité convenable ; sans quoi, elle se dessécherait et tomberait en poussière.

2° Du froid à la surface de la terre, pour rendre plus intense la chaleur archéale du globe, qui carbonise lentement cette houille, comme qui dirait à l'étuvée, puisque le charbon est toujours entouré de glaise peu poreuse et presque minéralisée.

3° De la chaleur étésienne du soleil, avec des pluies d'orage saturées d'électricité, qui, de concert avec les émanations sulfureuses du feu terrestre, introduisent dans la houille, par infiltration, ce gaz à haute dose qu'elle contient partout à peu près au même degré.

Voilà donc les éléments qu'il faut pour la production naturelle du charbon de terre, qui se fait à *froid* en 14 ou 15,000 ans, comme on fait à *chaud* le charbon de bois en 2 jours, et toujours à l'étuvée... car autrement, ce dernier ne contiendrait pas de gaz carbonique, ou du moins très-peu. Il faut donc tirer à boulet rouge sur la consommation inutile et encore plus sur le gaspillage de ce précieux combustible; car si tous les gisements de notre hémisphère boréal doivent nous suffire pendant 300 ans, c'est à la seule condition qu'on arrêtera court la multiplicité des Engins pyrobalistes ; sans quoi, nos arrière-petits-fils n'auront plus une parcelle de houille dans 200 ans.

Puis, si les causes qui accélèrent le basculement du pôle arctique cessent, les mers pliocènes n'envahiront notre hémisphère que dans 3,670 ans environ; pour y rester 10,500 ans avant de retourner dans l'hémisphère austral, comme elles sont actuellement. Mais si, au contraire, on refroidit notre atmosphère déjà hétérogène en la surchargeant de gaz factices, ce retour diluvien pourra s'opérer dix et même vingt fois plus vite, suivant la dose de la surcharge gazeuse.

Ah ! si nous avions seulement dix hommes comme MM. Adhémar et Le Hon, c'est-à-dire perspicaces et libres de tout préjugé, on pourrait préciser très-facilement le retour *anticipé* des mers pliocènes ; mais en faisant appel aux philosophes, on en trouvera qui daigneront s'occuper du sort de 3 à 400 millions d'habitants qui périraient dans ce déluge !

Question de la plus haute importance, qui sera traitée à fond dans un autre ouvrage:

En attendant, continuons la question houillère, notre but principal.

Ainsi donc, après la retraite de ces mers, les continents boréaux mettront encore de 4 à 500 ans à s'irriguer naturellement; après quoi les peuples qui reviendront les habiter, par migration, retrouveront de nouveaux gisements houillers qui seront superposés aux primitifs, comme cela existe déjà, si les gisements actuels ne sont pas épuisés avant ce retour.

Précision des dates.

Il y a déjà 6,830 ans que la mer Miocène actuelle a commencé sa retraite pour retourner dans l'hémisphère austral ; le retour de la mer Pliocène s'effectuera donc dans 3,670 ans, par l'effet du basculement du pôle arctique, qui a commencé son oscillation de 53 tierces par an, depuis l'an 1248 de notre ère. Du moins, d'après les observations astronomiques.

Voyez, chers lecteurs, quel immense travail la nature est obligée de faire pour produire du charbon de terre! Voyez quelle prodigieuse combinaison de tous les éléments pour arriver à ce résultat de production houillère! Et dans combien de temps ? Le voici :

Ecoulement des années de la période actuelle, appelée Miocène. . . . 3,670 ans.
Présence des *mers Pliocènes* sur l'hémisphère boréal (du nord) . . . . 10,500 »
Dessèchement général des plaines de cet hémisphère, après la retraite.. 500 »

Total, pour rendre parfait le nouveau charbon produit: . . 14,670

Ainsi, à partir de l'an 2,064 de notre ère, époque où la houille vaudra 20 ou 30 fr. l'hectolitre, il s'écoulera 14,300 ans, en moyenne, avant qu'on puisse retrouver un seul gisement houiller dans notre hémisphère boréal. Et si par contre on arrête la multiplicité des moteurs à feu, et qu'on ménage la houille comme la prunelle de ses yeux, les pyrobalistes actuels pourront encore être alimentés avec ce combustible pendant 300 ans environ.

Mais, comme dit sir Armstrong, il est avéré qu'en l'an 2,364, c'est-à-dire dans 500 ans, on ne trouvera plus un seul kilogr. de charbon de terre en Europe. Et comme je suis un peu forgeron, je vous demande comment on pourrait forger un arbre de couche de 30 à 40 centimètres de diamètre sans charbon de terre ? Que les forgerons répondent à cette question.

Puis, il y a dans les mines actuelles d'innombrables pièces de soutènement ; eh bien ! supposons ces mines remplies de vase par les mers pliocènes ? Ce bois *sec* formera ce minerai incombustible qu'on appelle anthracite; car le lignite, qui est presque toujours produit avec le bois des buissons et des taillis, se trouve bien souvent près de la surface miocène du sol.

3

Commentaires.

Le savant Alcide d'Orbigny a reconnu 27 *Faunes* qui ont été détruits par 27 cataclysmes successifs. Élie de Beaumont cite 17 soulèvements et 10 catastrophes.

Le géologue Le Hon compte 14 déplacements des mers; mais seulement depuis le commencement de la période tertiaire jusqu'à nos jours; et le plus ancien de ces déplacements maritimes remonterait, d'après Le Hon, à 140,000 ans.

D'un autre côté, les célèbres Cook et Dumont-d'Urville ont constaté, dès 1773, que les glaces polaires boréales augmentent, et que les australes diminuent. De même qu'à mesure que l'hémisphère boréal se refroidit, l'inverse a lieu dans l'hémisphère austral; c'est ce qui explique la crue des glaces boréales. Exemple : Si l'on met graduellement des grains de sable dans un plateau de balance, on verra bientôt le basculement du fléau s'opérer; il en sera donc de même de l'axe terrestre, par l'effet de l'augmentation des glaces polaires arctiques.

En effet, comment pourrait-on expliquer le transport de ces masses considérables des 8 sortes de terrains superposés qu'on appelle alluvions, et qui ont été apportés sur des hauteurs de 30 à 100 mètres au-dessus du niveau des mers actuelles, si le retour des mers pliocènes n'avait pas lieu?...... Je le demande à tous les hommes sagaces, qui ne sont pas aveuglés par quelques faux préjugés qui les empêchent de voir clair, de lire dans ces mouvements terrestres comme dans un livre bien *imprimé*, et de comprendre la production houillère ?

Car enfin, les vaporistes imitent à la lettre un jeune homme étourdi qui, pour rassasier ses fantastiques plaisirs, vend tout son bien, met l'argent dans un pot, y puise à pleine main, sans s'inquiéter le moins du monde s'il en verra bientôt la fin.

Puis, si l'on discute avec ces gens, ils vous posent carrément ces deux expédients :

« 1° Mais, monsieur, avant que le charbon soit épuisé, on aura déjà trouvé un autre moteur « pour tractionner nos trains et propulser nos navires à vapeur.

« 2° Et puis, au fait! pourvu qu'il dure autant que nous! Après nous la fin du monde! »

Ah! mais non! ce n'est pas ainsi qu'il faut raisonner, et encore bien moins agir.

Il faut, au contraire, une force motrice qu'on puisse trouver dans toutes les contrées du globe, comme il faut que cette force puisse se reproduire à l'infini sur tous les continents.

Eh bien! le système hippomique ne possède-t-il pas toutes ces conditions? la durée de son moteur n'est-elle pas *éternelle*? Et peut-on dire que les chevaux et les fourrages ne se trouvent pas aux mêmes conditions sur toute la terre ?..... Puis, a-t-il besoin de *cylindre* pour faire mouvoir son moteur? de chaudière pour régénérer sa force motrice? de charbon pour tractionner ses trains? Assurément non! Tout ce précieux combustible pourra donc être réservé à l'art culinaire, et momentanément aux machines fixes de nos usines et de nos navires, qui, comme l'art culinaire, profiteraient de cette immense économie.

Du moins pendant quelques siècles; mais pour jouir d'un moteur à feu qui, momentanément, donne d'assez beaux résultats, on s'expose à plonger toutes les industries forgeronnes dans une pénurie irrécouvrable de leur plus puissant moyen d'existence ; comme aliment des grandes usines, minoteries, etc.

D'un autre côté, quelle perturbation causerait l'épuisement de la grande mine de Mons? Que d'usines à gaz en désarroi! Que de villes privées de lumière et forcées de reprendre les vieux réverbères abandonnés! Que de millions d'employés, de mineurs et d'ouvriers sur le pavé!

O vous Français! qui passez pour être le flambeau de certaines lumières, et qui savez maintenant la non reproduction du charbon de terre, faites en sorte que l'on cesse la multiplicité des moteurs à feu! Montrez à l'univers, par un élan sublime, que vous êtes doués d'une grande prévoyance pour le bonheur de vos enfants... et la postérité vous sera reconnaissante!

2ᴱ PARTIE.

CONSIDÉRATIONS GÉNÉRALES.

Préliminaires.

La suppression des huit vices de construction du système à vapeur n'était donc que la moitié du problème à résoudre ; car c'est à là suppression des moteurs à feu qu'il faudrait arriver pour résoudre complétement cette grande solution , comme on va le voir.

PERTURBATION CAUSÉE PAR LE CHEMIN DE FER A VAPEUR.

Tout le monde sait que ce système véhiculaire a transposé nos industries et controversé nos relations commerciales de toute nature... Les maîtres de poste , les entrepreneurs de transports par voiture et les fournisseurs de fourrages ont été brutalement supprimés... Puis, les charrons, selliers ou bourreliers et les aubergistes , qui vivaient de leur industrie, ont été *ruinés* de fond en comble! Nous avons des *milliers* de *familles* qui sont tombées dans le *dénûment*, par la suppression des 750 relais établis sur les routes stratégiques et longeant les chemins de fer ; sans compter les autres relais établis sur les routes de raccordement.

Ces relais supprimés occupaient 92,000 chevaux qui demandaient leur nourriture quotidienne à l'agriculture... Les cultivateurs voyant leurs champs divisés par les voies ferrées, et voyant aussi leur industrie bouleversée par la brutale suppression d'une partie de leurs *produits*, le vertige du *trafic* a brusquement envahi leur placide esprit agricole et a ravivé cet incendie spéculatif qui consume les nationalités.

Alors ils se sont livrés à des calculs *illusoires*, qui furent en quelque sorte les précurseurs de notre décadence industrielle... parce que, d'un autre côté, nos paisibles artisans se sont vus *rançonnés* par une autre catégorie de *gens* qui *furent* encore plus vivement frappés du vertige de cette *spéculation* à outrance...

Avant de construire ces chemins ferrés, on aurait dû commencer par *sauvegarder* tous les intérêts privés et nationaux par une règle de prix débattus, tant pour les expropriations à faire que pour les établissements privés à supprimer. En agissant ainsi, on aurait évité bien des tracasseries et bien des malheurs ; quand, au contraire, on a eu l'air de dire : Quoi ! vous ne pouvez plus vivre dans votre établissement ? Eh bien ! livrez-vous à d'autres spéculations...

De là est surgie une perturbation déplorable pour la morale publique et désastreuse pour l'avenir de notre nationalité, comme on le verra plus tard, si on n'y prend garde.

Et pour se convaincre, que l'on consulte l'effrayante énumération des condamnations infamantes qui se multiplient à l'infini... Du reste, les hommes sensés savent très-bien que la dernière condamnation infamante ne sera pas prononcée de longtemps.

Et si au moins ce système vaporifère, tout en perturbant nos mœurs, avait pu réussir complétement dans son entreprise, on serait quitte en rétablissant l'équilibre par de grands moyens (qui ne peuvent pas trouver leur place ici)!..., Mais pas du tout ; car, à peine est-il arrivé à la moitié de son entreprise, qu'il est déjà aux abois... et sera complétement sur les *dents* avant d'avoir achevé le 3ᵉ réseau... c'est-à-dire avant d'arriver aux 2 tiers de son œuvre.

Pourquoi ? Parce que 6 grandes *difficultés* viennent déjà se dresser contre la multiplicité des moteurs à feu, dont voici les preuves irrécusables, démontrées catégoriquement par le trafic insuffisant des petites lignes dans les pays accidentés :

Première impossibilité.

Parce que le système à vapeur réclame impérieusement ces trois moyens :

1° Un tracé spécial qu'il faut *rigoureusement isoler* de tout groupe d'habitations, tant pour la sécurité des trains que pour la sûreté des habitants contre les incendies.

2° Un chemin nivelé et déblayé de tout ornement d'arbres ou de grands buissons, qui soient susceptibles de masquer la circulation des trains de grande vitesse.

3° Et cela, pour avoir : des courbes de 3 à 500 mètres de rayon, à cause de la force centrifuge de ses lourds véhicules, qui est en raison du poids et de la vitesse acquise.

Voilà les conditions formelles que ce système exige, sans admettre la moindre réplique; sans quoi, il lui serait impossible de marcher pendant vingt-quatre heures, sans se briser contre les mille obstacles qu'on rencontre en marchant sur les routes.

Deuxième impossibilité.

Parce qu'on ne peut utiliser les routes ordinaires avec l'emploi des moteurs à feu; et c'est la chronique anglaise qui vient encore nous en donner la preuve :

« En septembre 1860, deux machines ont roulé sur les routes (en Angleterre).

« La première parcourait 16 milles à l'heure sans prise d'eau ni de combustible.

« La deuxième, celle de lord Caïthnesse, porte assez de combustible et d'eau pour faire « 30 *kilomètres* sans s'arrêter; mais il n'est pas admissible que cette machine fasse 12 kilo- « mètres à l'heure en ne dépensant qu'un penny (10 cent.) par kilomètre parcouru.

« Nous pensons donc qu'une erreur de chiffre se sera glissée dans le compte du mécanicien « conducteur ; compte qui est facile à vérifier, car des calculs approximatifs porteraient la « dépense à 5 schellings (6 fr. 25 c.) par heure de marche (tout compris). »

Voilà pour les voitures à vapeur roulant sur les routes macadamisées, dont le plus grand obstacle à leurs succès c'est que, dès 1862, ces machines étaient déjà réduites à ne marcher que de *nuit*... d'abord, à cause du bruit et du feu, qui mettaient les animaux en furie, et ce double inconvénient motiva cet ordre de marche.

Puis, les cahottements du *sol* disloqueront les ajustages minutieux du mécanisme moteur avant que la machine ait gagné assez d'argent pour se renouveler ; comme cela est déjà arrivé pour la machine allant de Paris à Versailles, en 1842-43, et fut supprimée.

Troisième impossibilité.

Parce qu'on ne pourrait exécuter le grand Réseau *diagonal* de *voidreils* établis sur les routes ordinaires, qui sera de 37,000 kilom. au siècle prochain; car il coûterait 354,000 fr. par kilom. à deux voies, même en déduisant les 26,000 fr. pour l'achat des terrains, qu'on n'aurait pas à faire *si* l'on pouvait rouler sur les routes ordinaires avec les moteurs à feu.

Eh bien ! ce coût *minimum* d'établissement élèverait néanmoins la dépense générale à cette *bagatelle* de **13** *milliards* **98** millions de francs; sans compter les énormes frais de traction pour desservir ces 37,000 kilom., s'élevant à près d'un *milliard* par an.

Où voulez-vous donc qu'on trouve des ressources commerciales suffisantes pour couvrir tous les frais, et pour donner seulement 5 pour cent d'intérêt à ce gros capital engagé ? car cet intérêt *seul* s'élèverait à 650 millions par année.

Quant au système hippromique, coûtant en moyenne 56,500 fr. (tout compris) par kilom. à 2 voies, les 37,000 kilom. coûteraient seulement **2** *milliards* **90** millions et demi ; c'est-à-dire la **6**e *partie* et demie des frais d'établissement.

Ainsi, cet immense Réseau, qui nous mettrait à la tête des nations industrielles, coûterait moitié moins cher que les 10,000 kilom. déjà construits. Et cela, sans compter les autres réductions de frais accessoires qu'on verra plus loin.

Quatrième impossibilité.

Les *incendies* causés par les flammèches des locomotives, dont la moyenne était, dès 1855, de 22 par an sur notre réseau ferré, bien qu'il passe loin des villes.

Le plus considérable fut celui de Percot, en Belgique, qui consuma, le 16 septembre 1859, *huit maisons* de cultivateurs, toutes les dépendances et les récoltes de l'année.

Que serait-ce donc si les locomotives traversaient les villages et les villes? Elles allumeraient, en passant près des maisons, des incendies tous les jours avec leurs flammèches lancées violemment par leur cheminée, et il est impossible d'y remédier avec les locomotives.

D'un autre côté, elles seraient assujetties, comme les *machines Caïthnesse*, à ne marcher que de nuit ; et cela toujours à cause de ce *vacarme* pyrobaliste qui mettrait souvent les animaux en furie. Car, n'étant point habitués à ces *pulsations vaporeuses*, ils se jetteraient sur les trains arrivant vers eux, comme cela est déjà arrivé plusieurs fois, ou se sauveraient dans les rues, causeraient des accidents, et obstrueraient la circulation publique.

Tandis qu'avec la traction hipprômique, les chevaux seront avec les *leurs*, et n'effrayeront même pas les *moutons*, qui, comme les autres animaux domestiques, sentent très-bien que ce sont leurs semblables qui marchent vers eux. Du reste, les diligences, roulant au grand trot et conséquemment *dix fois* plus vite que les troupeaux de bœufs, ne les ont jamais effrayés au point de les mettre en furie, comme cela arrive très-souvent avec la vapeur.

Cinquième impossibilité.

La plus terrifiante pour les capitalistes.

LE MANQUE DE TRAFIC! Donc les ressources commerciales des lignes de raccordement ne peuvent même pas donner 3 pour cent d'intérêt au capital engagé; et conséquemment le dividende de ces petites exploitations resterait *éternellement* dans le *néant!*

Car, en admettant seulement 6 trains par jour, la traction coûterait 82 centimes par train kilométrique de 6 wagons; ce qui occasionnerait, pour les 37,000 kilomètres de lignes jonctionnaires, une dépense de 67 millions 444,600 francs par an, qui, réunie aux frais d'administration, d'entretien de la voie, des bâtiments et des routes, élèveraient ces dépenses à 887,694,000 francs pour ce service véhiculaire de raccordement.

Et encore, ces petites lignes se verraient enlever la moitié de leurs recettes par les grandes lignes stratégiques; puisque les *petites* auraient pour mission d'alimenter les *grandes*, en leur amenant les habitants situés dans les contrées intermédiaires.

Ce service *interligne*, par la vapeur, est-il possible? Assurément non! puisque les lignes intermédiaires donnent déjà une *perte* considérable!... Que serait-ce donc si elles étaient toutes en activité? Elles ruineraient les grandes Compagnies... sans profit pour elles-mêmes.

Eh bien, après avoir étudié pendant 4 ans, et reconnu dès 1854 ces *impossibilités*, je me suis mis à l'œuvre, et j'ai été successivement amené à produire tous les appareils précités du chemin de fer hipprômique avec ses autres accessoires.

Puis, si la traction à vapeur coûte seulement 82 centimes par train kilométrique en France et même en Europe, cette traction coûtera deux fois plus en Afrique, quatre fois plus au Brésil, et dix fois plus cher dans les Indes-Orientales et dans toute la Chine.

Parce que, leur sol ne contenant pas de houille, les Européens seraient forcés de leur en fournir.

Quand, au contraire, la dépense de la traction hipprômique sera toujours uniforme partout, puisque dans toutes les *contrées* du *globe* on trouve des *chevaux* et du *fourrage*, à peu près aux mêmes conditions de prix et d'abondance.

Tandis qu'avec le système à vapeur, c'est précisément l'inverse qui a lieu.

Sixième impossibilité.

L'*épuisement rapide* de tout le charbon de terre européen; ce qui s'oppose non-seulement à l'augmentation du réseau ferré actuel, mais à le généraliser... comme on vient de le voir au chapitre précédent, qui en donne la preuve irrécusable.

Or, comme il faudra attendre, de 14 ou 15,000 ans pour avoir de nouvelle houille, lorsque les nouveaux peuples miocéniens retrouveront les nouveaux gisements, tous les États constitués actuellement et toutes les nations européennes n'existeront plus!

Et cette grande catastrophe humaine arrivera bien avant 3,670 ans, si l'on continue à surcharger de gaz factices notre atmosphère, déjà hétérogène.

Est-ce assez pour démontrer l'inqualifiable sottise de vouloir multiplier à l'infini les moteurs à feu? Mais non! on ne s'arrête pas en si bon chemin; car il est si facile de *copier* les œuvres de quelques hommes de génie qui les ont produites, pour centupler la fortune de leur pays, et pour rendre leur patrie la première nation du monde !

CHAPITRE VI.

VOIDREILS HIPPROMIQUES.

Préambule.

En combinant l'immense révolution véhiculaire par les chemins de fer, qui ont transformé les relations industrielles des nations, on avait d'abord pensé qu'il suffirait de substituer aux routes stratégiques de nouvelles voies spéciales de communication, qui, partant de la capitale, iraient aux ports et aux frontières pour bien desservir toutes les populations.

Puis on a cru aussi que ces voies stratégiques desserviraient suffisamment tous les grands *centres manufacturiers* et houillers de chaque nation. GRAVE ERREUR! qui fut également commise en France; car on avait même affirmé qu'avec 16,000 kilomètres de voie ferrée on aurait pu desservir convenablement ces grands centres d'affaires et de population !

Mais l'expérience de la traction rapide est venue nous démontrer le contraire; car les six obstacles des Préliminaires ne démontrent-ils pas l'impossibilité d'établir (avec profit) ce grand réseau de 48,000 kilomètres ferrés comme celui des routes impériales, pour desservir en 4 directions les 88 préfectures entre elles et toutes les sous-préfectures en ligne droite?

Quand les 10,500 kilomètres exploités, dont un tiers donne déjà de la perte, ne font que relier les grands *centres* à la capitale et celle-ci aux frontières.

Ah! que nous sommes loin de rivaliser avec l'Amérique et l'Angleterre, et encore bien moins avec ce petit *royaume* belge de 4 millions 300 mille habitants, et qui, comparativement au territoire, possède deux fois plus de voies ferrées que nous!

D'un autre côté, le chemin de fer à vapeur est encore, en 1864, tel qu'il était en 1834, lorsque les Anglais nous l'ont importé. Les Français n'ont donc *rien fait* en fait de chemin de fer ; aussi c'est à quoi j'ai songé, pour nous mettre au niveau des autres nations.

Découvertes nationales.

La France ne possède que quelques découvertes qui lui appartiennent en propre, c'est-à-dire nées chez elle et produites par ses aborigènes... Ces découvertes sont :

1° La *Baïonnette*, inventée à Bayonne au XVIe siècle; et comme les Bayonnais furent vainqueurs avec cette arme, elle fut reconnue utile à la défense de la place attaquée.

2° La *Jacquare*, métier sublime de tissage, faisant toutes sortes de dessins dans les étoffes avec deux seules pédales ; elle fut inventée par *Jacquard*, simple et modeste *canut* de Lyon; et ce métier devient à peu près universel dans tous les pays.

3° La *Carcelle*, lampe qui, par un mouvement de pendule, fait monter l'huile jusqu'au bec d'éclairage avec une régularité parfaite; elle fut inventée par *Carcel*, de Paris. La dernière perfection, appelée lampe-*modérateur*, mais qu'on devrait nommer *Carcelloïde* (forme ou genre Carcel), est véritablement une combinaison heureuse comme lampe mécanique d'une riche simplification, puisqu'il n'y a qu'un simple ressort à boudin évasé.

4° La *Mongolfière*, premier ballon en papier, inventé par les frères Mongolfier, fabricants de papiers à Annonay (Ardèche), en 1784, et qui étonne encore le monde entier.

Nous avons encore la photographie, qui fut inventée en partie par Niepce et Daguerre, laquelle fut du moins perfectionnée et popularisée chez nous.

Résumé.

Nous aurions bien d'autres découvertes, si la majeure partie des Français possédaient seulement le quart de cet esprit d'initiative que possèdent nos voisins ! si les Français ne s'appliquaient pas tant à se nuirent entre eux ! si, enfin, les Français prenaient la peine d'examiner mûrement ce qu'on leur propose!.... Oh ! dès qu'une *mode* arrive, belle ou non, laide ou ridicule, on l'accepte les yeux fermés ; mais si une *invention* utile à tout le monde se présente, on voit de suite 98........... sur 100 qui s'opposent à son application.

Et je vous demande si une *mode* n'est pas une pure invention de frivolité !

C'est précisément cette antipathie pour les choses utiles qui fit le malheur des J. Salomon de Caux, des Cugniot et des Papin de Blois, lesquels furent parqués et expulsés de la mère patrie par antipathie pour leur œuvre ; mais que des étrangers adroits saisirent au vol et les appliquèrent dans leur pays.

Enfin, voulez-vous, Français, une autre découverte, déjà toute perfectionnée, et que je soumets à votre appréciation ? Vous pourrez la juger en pleine connaissance de cause, après l'avoir examinée vous-mêmes.

PREMIÈRE SECTION.

Question d'établissement.

Les grandes maisons de commerce ont actuellement des commis voyageurs avec voiture d'échantillons pour faire la place de ville en ville et bientôt de bourg en bourg ; il faut donc que nos routes soient parfaitement entretenues , même pour les voitures des localités.

Quand nous aurons 10,000 kilomètres de chemin de fer, et 30 ou 38,000 kilomètres de voidreils , la prospérité sera moitié plus florissante, et nous aurons conséquemment moitié plus de commis voyageurs. Ce surcroît nous forcera de porter les routes *voidreilaires* à 15 mètres de largeur ; et alors, cette transposition de voidreils coûtera très-cher.

Cet élargissement arrivera fatalement, mais à coup sûr, dans 40 ou 50 ans ; et comme nos reils seront posés sur des pierres artificielles qui s'agglutineront avec la terre environnante, il sera même difficile de transposer nos voies ferrées dix ou douze ans après leur pose.

Explication sommaire des particules de la voie ferrée.

La propriété, brevetée, du système hipprômique contient un nouveau genre de béton-moulé appelé béton-calore, parce qu'il se fait mécaniquement à chaud.

Ce béton, qui, dans trois mois, deviendra pierre de taille, coûtera seulement 9 fr. 25 le mètre cube, et servira de longrines séculaires aux reils.

Ces longrines seront disposées comme les fondations d'une maison de premier ordre ; elles n'exigeront aucun entretien pour les maintenir dans leur position respective ; les cantonniers n'auront donc qu'à serrer les coins de reils de temps en temps.

Mais pour empêcher les reils de porter à nu sur cette pierre artificielle, il y aura une bande de feutre qui les séparera. Cette bande sera galvanisée contre l'humidité, et aura pour mission de rendre la voie ferrée *élastique* et *sans bois* sur tout son parcours ; car il faut rigoureusement de l'élasticité sous les reils.

La durée de cette bande de feutre sera égale à la durée des reils ; cette bande aura 6 centimètres de largeur, 10 millim. d'épaisseur, et coûtera 60 centimes le mètre courant. Chaque longrine en béton-calore aura 33 centimètres cube, et coûtera 3,033 fr. le kilomètre courant.

Les reils, par leur forme particulière, pèseront 21 kilogr. le mètre courant, et leur écartement sera maintenu par des boulons, ou mieux des entretoises en fer, qui seront placées de mètre en mètre et incrustées dans les longrines en béton-calore.

Ces entretoises seront armées, à leurs deux extrémités, d'un *patin* creux, dans lequel s'adapte la base du reil, qui sera emboîtée et serrée avec un coin de fer ; de telle sorte qu'il n'y aura même pas une parcelle de *bois* dans nos voidreils.

Ces entretoises pèseront 4 kilogr. chacune, et seront naturellement scellées par leur propre incrustation dans le béton-caloré. Il y aura donc 25 kilogr. de fer par mètre et par reil, ou 100,000 kilogr. par kilomètre de voie double, qui, à 190 francs la tonne de fer anglais, font 19,000 fr. pour les reils et leurs entretoises seulement.

Description de la nouvelle route.

Ces routes stratégiques ont 12 mètres de largeur sur 48,000 kilomètres de longueur.

Le 1er plan représente un tronçon desdites routes, ayant actuellement leurs trottoirs bordés de pavés; les deux fossés conservés sont donc presque inutiles, avec des trottoirs élevés de 15 centimètres qui forment un ruisseau de chaque côté de la chaussée.

Le 2e plan démontre la nouvelle disposition de ces routes, pourvues de 2 *Voîdreils* aller et retour; on voit les reils sur leur assise en béton-pierre, laquelle assise formera une seule pièce monolithe depuis le commencement de la ligne jusqu'à la fin du parcours.

Ainsi, ce double *Voîdreil* étant séparé par 2 haies en terre gazonnée; par 2 trottoirs et une chaussée de 4 mètres... je vous demande si, avec une telle disposition, une *rencontre* de train est possible? surtout lorsque les trains d'aller ne devront jamais passer sur la voie de retour; à cause des griffes de frein qui seront coulissées sous le champignon de chaque reil.

Il y a donc une grande différence entre ces Voîdreils, sur routes ordinaires, et le chemin de er, sur tracé spécial, ne servant uniquement qu'à lui *seul.*

Car on voit sur le 2e plan une ouverture dans la haie de gauche qui démontre que nos voîdreils ne seront pas clôturés; ces deux haies séparatives, de 60 centimètres de haut, n'ont pour but que d'empêcher les animaux domestiques de séjourner sur la voie ferrée.

Le système de traction hipprômique roulera donc sur un nouveau reil, qu'on verra au spécimen, où il y aura deux tronçons de route, dont un de 12 et l'autre de 15 mètres de largeur, pour juger de suite du meilleur effet.

Ainsi, dès lors que notre voie ferrée ne ressemble pas au système à vapeur, puisqu'il y a une chaussée pour les voitures et deux trottoirs pour les piétons, il lui faut donc un nom spécial, et c'est *Voîdreil* (voie de reil) qu'il doit avoir. (Des substantifs et pas de périphrase.)

Par la raison que ses trains marcheront :

1° **Sans feu, ni eau, ni tender,** sans quoi, il ne pourrait circuler sur les routes ordinaires, qui traversent les villes et les villages ; à cause des nombreux incendies qu'il allumerait, surtout en été, en passant près des maisons qui ont leurs fenêtres ouvertes.

2° **Sans aiguilles** de changement de voie, si dangereuses pour les voyageurs.

3° **Sans plaques tournantes ni signaux mécaniques,** sur son parcours ferré.

4° **Sans clôture sèche ni barrière,** puisqu'il lui faudra traverser les champs de foire.

5° **Sans tunnel ni tracé spécial,** si onéreux au trafic de l'exploitation rurale.

Avec de tels avantages, on devrait être dispensé de tout commentaire; mais il y a si peu d'initiative en France, qu'on est forcé d'en faire malgré soi, pour se faire comprendre.

DEUXIÈME SECTION.

Etablissement des seconds réseaux.

Avant d'entrer dans les considérations financières d'exploitation, il est indispensable de mettre sous les yeux du lecteur l'énorme différence qui existe entre le prix de construction du chemin de fer actuel, comparé avec le prix du voîdreil hipprômique.

Système à vapeur. — Voie ferrée.

Les lignes nordaises, de France et de quelques États, ont deux genres de reils; mais toujours supportés sur des traverses en bois qui coûtent 7 fr. pièce; il y a donc : 1° le reil à coussinets qui pèse 37 kilogr. le mètre courant, et coûte 108,286 fr. par kilomètre de voie double,

TRONÇON D'UNE ROUTE STRATÉGIQUE

ACTUELLEMENT AVEC DEUX TROTTOIRS:

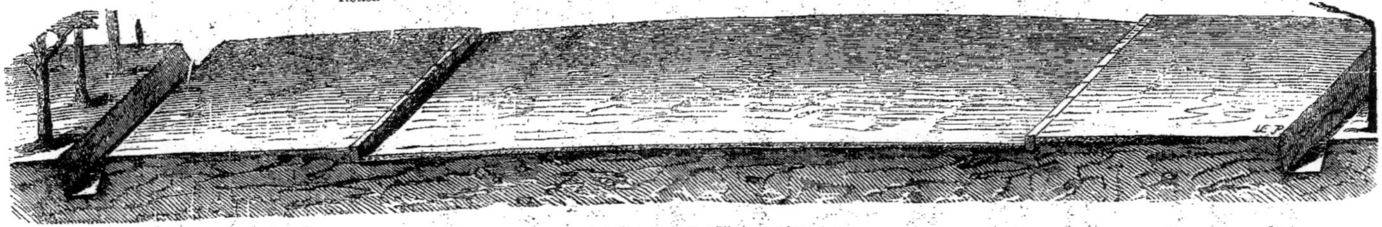

À l'échelle de 20 millim. par mètre.

TRANSFORMATION DE LA MÊME ROUTE

AVEC DEUX VOIDREILS SÉPARÉS.

Le fossé comblé, situé au-dessus de l'U, pourra exister au moyen de drainage placé à 50 centimètres au-dessous du sol sablé pour l'écoulement des eaux pluviales qui tomberont sur chaque voidreil.

Les deux tranchées T seront fortement damées pour recevoir les longrines en béton-pierre, servant d'assises séculaires aux reils, et sans contenir une parcelle de bois surtout leur parcours.

Les deux haies séparatives de chaque voidreil seront formées avec la terre retirée des tranchées T, et tous les détritus seront employés sur place pour la confection desdites haies gazonnées et ornées d'arbustes.

Il n'y aura donc aucune espèce de transport à faire pour l'enlèvement des débris provenant des travaux de terrassement pour la construction des voidreils. Ils seront à reils saillants, mais seulement dans les campagnes.

y compris le balastage (cailloutis) fourni ; 2° le reil vignole à large patin et sans coussinets ; il repose directement sur la traverse, et est maintenu par des crampons. Même poids, et à peu près même prix que le précédent.

Ce dernier n'ayant pas été admis pour les onze embranchements des chemins de fer écossais, je le passe sous silence, sans chercher le pourquoi. Puis, outre les aiguillages, plaques tournantes, etc., il y a aussi les alimentations d'eau, qui sont rigoureusement exigibles, dont l'enquête officielle porte ceci :

Parcours des Machines sans prise d'eau.

ORLÉANS, de 40 à 70 kilom., suivant la saison.	EST, de 70 à 75 kilom., suivant le temps.
LYON-MÉDITERRANÉE, de 80 à 100 kilom.	MIDI, de 40 à 50 kilom., et toujours suivant la charge
NORD, de 80 à 90 kilom., suivant le temps et la charge.	— et la saison, comme partout ailleurs.

Voyez quelle exécrable *sujétion !* d'avoir à établir des prises d'eau à différentes distances sur la ligne ; et de plus, être forcé d'arrêter ses trains, tantôt de 40 en 40 kilomètres en hiver, et tantôt de 70 en 70 kilomètres pour le service d'été.

Pourquoi ? Parce que les locomotives ayant moins de fatigue en été, vaporisent moins d'eau et peuvent faire un plus long trajet sans s'arrêter. Il faut donc trois prises d'eau par cent kilomètres, qui, à 10,000 fr. chacune, élèvent le prix de la voie de 300 fr. de plus par kilomètre.

Ah ! si c'eût été un Français qui, le premier, eût proposé la locomotive, comme on l'aurait traité de *fou*, d'*utopiste* et de *toqué* à mettre aux fers ! Dieu ! que de quolibets !..... que d'épithètes, plus ou moins humiliantes, ne lui aurait-on pas jetés à la face ! D'abord, par pure sottise ; puis, les corps constitués de la partie adverse auraient de suite demandé et obtenu très-facilement son interdiction, pour cause, bien entendu, d'aliénation mentale. Car on a déjà la preuve des beaux *exploits* de la *bêtise* humaine, par la mise sous verrous de Jean-Salomon de Caux, le premier qui fit la découverte *dynamique* de la vapeur ; et cette preuve n'est pas la seule, en voici une autre :

Si une nation plus entreprenante que la nôtre fait rouler une locomotive sur des reils, comme au grand concours de 1828, vite ! un savant français vous dit, d'un aplomb pyramidal : « Je vous dis, moi, que les roues motrices tourneront sur elles-mêmes, et que la locomotive « n'avancera pas ! » Est-ce vrai ?

Voyons ! chers lecteurs, les locomotives avancent-elles ? Ah ! pauvres *Routinistes !*

Il est donc avéré que si un Français eût eu la bonhomie de présenter la traction à vapeur avec tout son *attirail* compliqué (et pas complet), on l'aurait de suite fait incarcérer comme fou à Charenton,.... sans autre forme de procès..... et pour cause de..... tranquillité.

Seulement, il y a longtemps que les jolis exploits de la bêtise humaine se sont accomplis, et celle-ci ne sera plus si empressée à faire voir ses dents canines et ses griffes incarcératrices,

Prix comparatif de la voie ferrée, par ligne ou fraction de 240 kilomètres.

Système à vapeur sur tracé spécial.		Système hipprômique sur route.	
On a vu, par le tableau page 27, que la voie ferrée des grandes lignes françaises a coûté 503,310 fr. par kilom. de voie double, tout compris.		Disposition de la route de 12 mètres de largeur et petits nivellements partiels, en moyenne.	8,000 fr.
Mais, depuis 1855, on a fait du progrès, et le prix de revient a diminué, sauf le prix des terrains, qui est beaucoup plus élevé. Or on a ceci :		Les quatre assises en béton, servant de longrines aux reils	13,330 »
		Les 100,000 kilogr. de fer des quatre reils et entretoises (à 190 fr. la tonne)..	19,000 fr.
Achat de terrains et frais judiciaires.	26,000 fr.	Les quatre bandes de feutre, à 60 c. le mètre courant ; les quatre...........	2,400 »
Subvention et terrassem^t en moyenne.	86,000 »	Pose des longrines et des reils (mécaniquement)..........................	2,400 »
Double kilom. de reils à coussinets.	108,286 »	Frais généraux et imprévus..........	500 »
TOTAL de la 1re catégorie.........	220,286 fr.	TOTAL de la 1re série simple......	45,630 fr.

Mais, pour parer à toute éventualité, nous mettrons en compte rond. . . . 46,000 francs.

Tous les détritus étant indispensables pour la confection des quatre petites haies en terre, il n'y aura aucun frais de charrois pour l'enlèvement de ces débris.

Accessoires et petits matériels de la voie.

Système à vapeur sur tracé spécial.

2e catégorie.

Ponceaux et viaducs de nivellement rigoureux ; Déviation des routes et passages à niveau ; .

Total par kilom. pour deux voies... 21,484 fr. d'après le prix moyen des embranchements écossais.

3e catégorie, par ligne de 240 kilomètres.

30 aiguillages, à 1,400 fr. chacun, font 42,000 fr.
35 disques signaux, à 500 fr. chaque, — 17,500 »
7 alimentations d'eau, à 10,000 fr. — 70,000 »
10 plaques tournantes, à 6,000 fr. — 60,000 »
2 clôtures sèches, à 1,400 fr. par kilom. . . . . — 336,000 »

Total du petit matériel....... 525,500 fr.

Lequel augmente d'autant le coût de la voie à raison de 2,190 fr. par kilom., et élève ainsi son prix minimum à.................... **243,960** fr.

Mais sans aucun tunnel.

Système hipprômique sur route.

Pas de 2e catégorie.

Puisqu'il pourra toujours rouler à ciel ouvert sur les routes ordinaires.

. . . .

Pas de petit matériel.

Car peut-on mettre des aiguilles mécaniques au milieu des villes et des champs de foire que notre système de traction traversera, et où il y aura toujours, soit une voie d'évitement, soit une bifurcation quelconque?. . . . .

. . . . (000,000 fr.)

Le prix du kilomètre restera donc invariablement, en pays moyennement accidentés. . . . . à **46,000** fr.

Il n'y aura jamais de tunnel.

Ainsi, par cette suppression *totale* de *tunnel*, déviation de route et accessoires de petits matériels, il ne faudra donc que la **5e** *partie* et un tiers de la dépense d'établissement du système à vapeur ; ou, en d'autres termes, une économie de 83 pour cent de réalisée par l'emploi du système hipprômique.

TROISIÈME SECTION.

Entretien et usé de la voie ferrée.

Les reils en usage ne durent que six ans en moyenne, pourquoi?

Parce que les *lourdes* machines à marchandises, de 60,000 kilogr. chacune, écrasent les reils et les usent promptement..... On a même constaté qu'après deux ans de service actif, le champignon inférieur du reil était encastré dans le coussinet par le poids écrasant desdites machines, et qu'il y avait une encoche d'un millimètre de profondeur.

Si l'on voulait mettre un objet quelconque entre le reil et son coussinet, cet objet, quel qu'il soit, ne résisterait pas huit jours avec l'énorme trépidation des machines à marchandises, et encore bien moins avec celle des machines Crampton, qui marchent 3 fois plus vite.

Et comme cette trépidation décuple le poids spécifique desdites machines, il faudrait donc un corps élastique qui pût résister à ce martelage, entre deux fers, par des secousses de 600,000 kilogr ; ce qui est impossible avec une telle pression.

Or, pour avoir une économie réelle et digne du progrès de notre siècle, il ne faudrait jamais admettre de véhicule qui dépassât le poids de 8 à 10,000 kilogr. et 12,000 au maximum.

Quant à moi, sachant parfaitement que ces lourdes locomotives écrasent les reils et les usent en six ans, je resterai dans cette règle de 8 à 10,000 kilogr. par véhicule, soit vecgiis chargés, ou tracteurs à marchandises.

En voici la raison très-plausible :

Le prix de la première fourniture de reils à coussinets est de 40,514 fr. par kilomètre de voie double ; mais avec du fer à 275 fr. la tonne. En Angleterre, on a le fer à 175 fr. en reils tout finis ; nous le mettons, pour les nôtres, à 190 fr. la tonne, à cause des menus transports et des autres frais éventuels.

Ainsi, au bout de six ans, on commande une deuxième fourniture de reils, pour laquelle on donne en échange les vieux reils et un tiers du prix en argent ; soit 13,504 fr. 66 c. par kilo mètre à payer aux fournisseurs de reils tous les six ans.

Le champignon de notre reil sera aussi fort que celui du reil en usage ; mais la modification consiste dans la hauteur et la base du reil ; or, ce nouveau reil ne supportant que des véhicules de 7 à 10,000 kilogr., durera dix-huit ans, au lieu de six.

Aux stations et dans les gares, les reils, ayant à éprouver les secousses d'arrêt des trains, dureront de 11 à 12 ans ; mais sur le parcours entre stations, leur durée sera de 18 ans, comme n'ayant à supporter que la septième partie de la charge trépidante supportée par les reils actuels.

Nos entretoises d'écartement, servant de fixateurs aux reils, seront galvanisées et goudronnées, pour les préserver de l'humidité constante de la terre ; et comme leur durée sera séculaire, il n'y aura donc que le prix du fer des reils à payer tous les dix-huit ans : c'est-à-dire le tiers de 15,960 fr. pour les 84,000 kilogr. de fer fourni par kilomètre.

Dépenses kilométriques par période de 18 ans.

Du système à vapeur.

3 fournitures de reils, pour lesquelles on donnera :
3 fois 13,504 fr. 66 c., soit en total... 40,513 f. 98 c.
3 poses des quatre reils, à 1 fr. 60 c, par
mètre.............................. 4,800 » »
Menus transports, rechange de coins. 300 » »

Total, par kilomètre à deux voies : 45,613 f. 98 c.
Soit, 2,534 fr. par kilomètre et par année.

Du système hipprômique.

1 fourniture de reils, pour laquelle on donnera :
1 tiers de 15,960 fr., soit seulement.... 5,320 fr.
1 seule pose de reils, à 1 fr. 60 c. par
mètre........................... 1,600 »
Menus transports et coins en fer changés 1,100 »

Total, par kilomètre à deux voies..... 8,020 fr.
Soit, en compte rond, 440 fr. par kilom. et par an.

Par cet avantage de la durée des reils, n'ayant à supporter que la septième partie de la charge supportée par les reils en usage, il ne faudra donc que la **cinquième partie** et un quart des dépenses annuelles pour la rechange des reils seulement.

Plus, l'économie d'entretien, dont la dépense annuelle est de 2,300 fr. par kilomètre pour les compagnies du Midi et d'Orléans ; soit environ : 1,200 fr. par kilomètre (1 fr. 20 c. par mètre courant) et 1,100 fr. pour la surveillance et l'entretien des bâtiments.

Le personnel de surveillance de nos voïdreils étant à peu près le même, nous aurons, il est vrai, 1,100 fr. de surveillance et d'entretien des bâtiments ; mais la dépense des 1,200 fr. d'*entretien* des deux voies sera complètement supprimée, puisque nos reils reposeront sur des assises monolithes, d'une durée séculaire, et qui n'auront pas besoin de cet entretien, du relèvement des *traverses en bois*, qui coûte très-cher.

Résumé voïdreilaire.

Ainsi, notre double voie ferrée coûtera 46,000 fr. au minimum en pays facile, mais elle coûtera 62,000 fr. dans les pays montagneux comme l'Auvergne, les Alpes et les Pyrénées ; à cause des nombreux petits nivellements qu'il faudra faire.

Je répète à double voie ; car il est impossible de compter sur un bon service véhiculaire, sans aucun accident, avec dix trains par jour, cinq aller et cinq retour, si on n'a pas les 2 voies du service régulier, avec voie d'évitement de chaque côté.

Il serait même *captieux* d'offrir un chemin de fer à une seule voie, surtout en France, où l'on est si distrait en toutes choses... Il y aurait des accidents tous les jours qui feraient péricliter l'entreprise, ruineraient les actionnaires de ces petites lignes, peu productives et boiteuses sur tout leur parcours. Puis, comment pourrai-je, avec une seule voie, donner un bulletin de place avec garantie de la vie des voyageurs, comme on le verra plus loin ?

Maintenant, nous avons compté par ligne ou fraction de 240 kilomètres ; d'abord, parce qu'il y aura beaucoup de petites lignes de cette longueur qui seront parcourues par nos trains véloces d'une seule traite, et, pour utiliser doublement ces grands relais, ils seront toujours pourvus d'un grand bureau de poste, qui sera presque toujours aussi situé dans une grande jonction de lignes ramifiées. (Voir la carte ci-jointe au chapitre VIII.)

CHAPITRE VII.

MATÉRIEL ROULANT.

PREMIÈRE SECTION.

Histoire des Manéges à plancher circulatif sur place.

Ce nouveau genre de traction chevaline ne fonctionne que depuis sept ans à Paris ; il est utilisé à des scieries de bois à brûler ; mais ce système a été tenté à Paris en 1830-31, pour faire tourner des tours sur métaux. Seulement, le plancher était presque horizontal ; ses lamettes en bois étaient mal liées entre elles et se désagrégaient souvent ; puis, les travaux du mécanicien ayant pris de l'extension, il y substitua une machine à vapeur de dix chevaux.

En 1837, ce manége fut encore essayé à Strasbourg dans une fosse de tannage ; mais les chevaux, privés d'air, suaient à grosses gouttes et n'ont pu résister à ce travail, ainsi claque-muré dans une fosse profonde, et fut abandonné pour ce seul motif.

En 1840-41, les Canadiens commencèrent à utiliser ce manége à plancher circulatif, abandonné pour des causes ignorées, et remis en vigueur en 1844, avec une inclinaison plus prononcée : 6 °/m par mètre au lieu de 3. Alors il fut exploité avantageusement en plein champ, puis modifié, en 1848, dans ses ligatures de chapelets de galets en bois, sur lesquels le plancher mobile circulait , et, enfin, il fut digne de figurer à l'exposition de 1855.

M. Bélin, marchand de bois à Paris, frappé de cette simplicité de manége avec des galets en bois, fit construire un autre modèle avec des galets fixes en fonte ; et c'est ce modèle, quasi perfectionné, qui fonctionne depuis sept ans à Paris, dans des chantiers de bois à brûler.

Mais ces *traditionnelles* lamettes en bois, étant seulement liées entre elles avec des charnières en tôle, se désagrégent souvent et ne font pas un bon service ; c'est précisément cet inconvénient très-grave qui mit obstacle à la vulgarisation de ce système.

Son application dans un véhicule.

C'est en 1828, lors du grand concours anglais de la traction sur reil, que Stéphenson remporta le premier prix avec sa locomotive à vapeur, laquelle subsiste encore aujourd'hui telle qu'elle était alors , sauf la Crampton, qui diffère un peu par ses grandes roues d'arrière.

Or, dans ce concours, il y avait aussi une espèce de chartil supporté par quatre roues, et dont le plancher-manége communiquait directement aux roues d'arrière de ce chartil, qui servaient de roues motrices. Mais ce chartil à manége était si laid avec ses engrenages et si baroquement construit, qu'on ne fit nulle attention, et le bonhomme charron le détruisit.

La France fut plus heureuse en fait d'essai, car Dietz construisit, en 1842, une voiture-manége avec un simple plancher circulatif, qui communiquait aussi directement sa force chevaline aux roues motrices ; mais à l'aide de chaînes Vaucanson trop lourdes et produisant trop de frottement en roulant sur leurs tambours dentés.

Puis, n'ayant nullement prévu le temps d'arrêt des chevaux dans les descentes, la voiture, lancée sur le boulevard Saint-Jacques, alla se briser contre un mur d'angle dans la descente, et Dietz eut la tête fracturée dans cet accident.

Cette catastrophe malheureuse, et qu'un simple cultivateur aurait prévue, força Dietz d'abandonner Paris et ses études véhiculaires sur le manége locomobile.

Voulant éviter les fautes de mes devanciers, le nouveau manége hipprômique n'aura ni charnières en tôle, ni chaînes Vaucanson, comme étant impropres à la mécanique pratique, et déjà abandonnées par les mécaniciens sérieux.

DEUXIÈME SECTION.

Origine du système hipprômique.

En étudiant le service véhiculaire dans Paris, j'ai reconnu que les chevaux d'omnibus employaient toute leur force pour lancer leur véhicule ; mais dès que celui-ci est arrivé à la vitesse voulue, les chevaux trottent aussi alertement que ceux d'une calèche. Et, placé au fond de cet omnibus d'observation, je voyais ces deux chevaux se *mordiller* en faisant leur trajet ; preuve, me disais-je, qu'ils ne fatiguent guère.

Après ce fait constaté, un camionneur me dit : « Un bon percheron traîne, sur les petits « pavés, 4,000 kilogr. dans le bas Paris, et seulement 1,500 kilogr. dans le haut Paris. »

Alors, poussé par quelque chose que je ne peux définir, je dresse (en 1849) un premier croquis de voiture-manége à plancher circulatif avec 2 volants ; et cela sans me préoccuper le moins du monde des essais faits antérieurement.

Ce croquis terminé et assez satisfaisant, j'apprends qu'à la gare de l'Ouest, 2 chevaux ordinaires traînaient plus de 12 wagons ; je cours m'assurer du fait, et le contrôleur me dit : « Voyez, monsieur, 2 vieux chevaux de 15 à 16 ans démarrent et remorquent très-facilement « 16 wagons vides à marchandises qui, à 2,850 kilogr. chacun, en moyenne, font bel et bien « 45,600 kilogr. traînés au Pas. »

Enthousiasmé par ces renseignements, je fus tour à tour tourmenté et abasourdi pendant quelques jours ; parce que le conducteur m'avait assuré que 2 bons chevaux belges pourraient facilement traîner 20 wagons, une fois démarrés.

« Car, dit-il, dès qu'ils sont en marche, il faut à peine le quart de la force pour les faire rouler sur des reils bien propres et bien unis. »

Ce renseignement fut pour moi un trait de lumière ; et je ne pus résister à cet entraînement qui porte l'homme à tout braver pour atteindre un but.

En effet, des avis multipliés m'obligèrent à transformer ma machine hipprômique cinq fois en cinq années ; puis la sixième fois en octobre 1863, et terminée en février 1864.

Enfin, pour dernière assurance, je fus trouver, en 1850, un machiniste de connaissance, qui me dit encore : « Oh ! oui, le démarrage est *tout;* car avec nos machines, nous lançons « notre train à pleine vapeur, et dès qu'il est arrivé à la vitesse voulue, nous fermons le *régu-* « *lateur* (robinet qui conduit la vapeur aux cylindres) d'abord au tiers, puis à moitié de son « ouverture, ensuite aux trois quarts, et nous marchons avec ce quart de force pendant toute « la durée de la vitesse de pleine marche. »

Oh ! pour le coup, je ne me possédais plus... Cette courte explication me fit tressaillir au point qu'involontairement je me suis écrié : Voilà le joint trouvé ! Et le machiniste étonné, sans rien comprendre, ajoute avec surprise : « Le joint ? Mais de quel joint voulez-vous parler ? du régulateur ? » Oh ! non, lui dis-je, je vous dirai cela plus tard...

Il est à présumer qu'aujourd'hui ce machiniste doit se dire en lui-même : Oh ! voilà de quel *joint* il voulait parler !

Ce dernier renseignement m'obligea donc à modifier mon premier modèle, pour obtenir sur place cette combinaison de lancement progressif du manége à plancher mobile, avec l'aide de deux volants qui n'étaient pas encore débrayable à volonté ; car avec une puissance cinethmique servant seulement à faire démarrer le convoi, les chevaux moteurs n'auront plus qu'à entretenir la marche du train, dès qu'il sera lancé à la vitesse voulue.

Mais de grandes difficultés surgirent tout à coup par la présence des deux sections du plancher circulatif, n'admettant aucune pièce mécanique dans leur passage. Il a donc fallu disposer tout le petit mécanisme du manége entre les deux membrures du centre ; de manière que les 4 chevaux puissent entrer, sortir, travailler librement, et cela sans nuire au mouvement des quelques roues du manége, ni même aux roues motrices du véhicule moteur.

TROISIÈME SECTION.

Quadruple utilité de la force chevaline.

Tout cheval qui travaille sur un manége à plancher circulatif incliné utilise :

1° Sa force du collier, comme s'il tirait un véhicule sur des routes ordinaires;

2° Son propre *poids*, qui produit une force descensionnelle, sur ledit plancher, de 25 grammes par kilogr. du poids animal; car le cheval ne monte pas, c'est le plancher mobile qui circule toujours en descendant sous ses pieds.

3° Puis, la récupération dynamique des chevaux-moteurs, par de fréquents repos de 15 à 20 minutes qu'ils feront dans les descentes (voir au bas de la carte) ou leur intervention à la propulsion du train, serait nuisible à la marche du convoi, comme elle a été fatale à l'impulsion descensionnelle de la voiture-manége de Dietz.

4° Enfin, le coup de collier des chevaux, estimé au quart en sus de leur force ordinaire après un repos, et qu'on emploiera utilement pour gravir les rampes de 10 à 25 millimètres par mètre; lesquelles rampes sont dans le rapport de 40 pour cent sur toute l'étendue des 48,000 kilomètres des routes stratégiques de l'État.

Ceci posé, nous allons voir la *conformité* de la dynamie chevaline exercée sur le sol avec le travail vélocifère de la machine hipprômique sur reil.

Réduction de la force pour obtenir la vitesse.

TRAVAIL DU CHEVAL SUR LE SOL.

ALLURES UTILISABLES AUX CHARROIS.	LES CHEVAUX PARCOURENT		LONGUEUR du relais.	EFFORT EXERCÉ par seconde.	DURÉE du travail.	TRAJET FAIT par jour.	OBSERVATIONS.
	sur le sol.	par minutes.					
Au *Pas* ordinaire......	à 60 Pas,	66ᵐ »	3 lieues.	70 kilos.	10 heures.	39,600 m.	En 2 relais
Au *Pas* accéléré.......	à 112 id.	108ᵐ 64ᶜ	2 lieues 1/2	56 id.	8 id.	52,147 id.	et avec un
A l'*Entrepas*..........	à 138 id.	124ᵐ 95ᶜ	id.	48 id.	6 id.	44,982 id.	repas entre
Au *Trot* ordinaire.....	à 140 id.	132ᵐ »	Une poste	34 id.	4 id.	35,640 id.	chaque relais
Le galop ne sera jamais utilisé.				»	»	»	»

On voit, par ce premier tableau, que plus les chevaux marchent vite, moins ils tractionnent de charges sur le sol. Il en sera naturellement de même pour le travail hipprômique, dont le deuxième tableau en donne la preuve... Ainsi, avec les 4 chevaux agissant sur leur plancher mobile placé dans la voiture manége, on aura ce résultat :

TRAVAIL DE LA MACHINE SUR REILS.

AUX MÊMES ALLURES QUE SUR LE SOL.	LA MACHINE PARCOURERA sur les reils.	LONGUEUR du relais.	POIDS par trains	POIDS de voiture.	POIDS UTILE,	
					Marchandises	Voyageurs.
Par :	Elle fera :		remorqué.	à déduire.	Poids.	payant.
Le *Pas* ordinaire......	16,950 m. à l'heure.	80 kilom.	68 tonnes.	18,500 kilog.	49 tonnes;	»
Le *Pas* accéléré.......	28,033 m. id.	en 2 relais	53 id.	16,000 id.	37 id.	400 voyag.
L'*Entrepas*...........	32,146 m. id.	par jour.	46 id.	14,000 id.	32 id.	330 id.
Le petit *Trot*........	34,140 m.) id. par	240 kilom.	34 id.	10,700 id.	23 id.	200 id.
Le grand *Trot*.......	36,250 m.) circonstance.	d'un seul traj.	28 id.	10,000 id.	18 id.	150 id.

C'est donc le *Pas accéléré* qui sera le plus avantageux pour la traction hipprômique, car avec cette allure les chevaux belges parcourent environ 43 kilomètres par journée de 10 heures, et les percherons font jusqu'à 52 kilomètres sur le sol dans le même laps de temps, quand avec le Pas ordinaire ils font seulement 38 kilomètres par jour.

Ainsi, soit pour le travail sur le sol, ou dans les voitures-manége, le travail des chevaux sera toujours divisé en 2 relais avec un repos entre chaque corvée, sauf le parcours des trains véloces, fait d'une seule traite, mais avec plusieurs pauses faites durant le trajet.

LES QUATRE GENRES DE TRAVAIL DU MÊME CHEVAL.

Fait par jour en deux relais.

En marchant au pas ordinaire sur le sol horizontal, on a les résultats suivants :

Attelé à un manége tournant horizontalement :

EFFORT DE TRACTION { Au pas..... **45** kilog. / Au trot..... **30** — } Travail pendant 10 heures. 40 k.g.m. 1/2 par seconde.

A une charrette chargée à 4,000 kilogr., et roulant sur petits pavés :

EFFORT DE TRACTION { Au pas..... **70** — / Au trot..... **35** — } Travail pendant 10 heures. 63 k.g.m. id.

A un manége à plancher mobile, et incliné à 8 centimètres par mètre :

EFFORT DE TRACTION { Au pas..... **70** — / Au trot..... **60** — } Travail pendant 8 heures. 72 k.g.m. id.

A un bateau pour le haler, et marchant sur berges.

EFFORT DE TRACTION { Sur quai.... **70** — / Sur berge... **75** — } Travail pendant 30 minutes. 80 k.g.m. id.

Mais à ce halage de bateau il ne travaille jamais plus de 3 heures par jour, et encore son travail sur berge, de 80 k.g.m. (kilogrammètres), ne dure-t-il que 30 ou 40 minutes.

Le travail le moins avantageux, en tout usage, est donc le manége tournant.

Pourquoi ? Parce que bien des personnes ont sans doute étudié, comme moi, le singulier vertige que voici : Si on est placé dans une charrette et qu'on ferme les yeux pendant quelques minutes, on se sent tout à coup aller en arrière, comme si la voiture roulait dans ce sens ; quand, au contraire, elle va toujours en avant.

Eh bien ! avec le manége tournant, le cheval n'a-t-il pas constamment les yeux bandés ? Son travail circulaire ne doit-il pas lui faire éprouver de fréquents vertiges, puisqu'il est forcé de s'arrêter un instant, presque à chaque tour, pour les faire cesser ?

Ou, si on s'aperçoit de ce petit temps d'arrêt et qu'on lui donne un coup de fouet, la petite douleur cinglante du coup opère subitement une certaine commotion dans la circulation de son sang, qui *bouillonne* un instant, et le vertige cesse de suite.

Or, ce travail en *rond* doit donc faire souffrir le cheval ; il doit naturellement éprouver le même effet d'étourdissement que nous éprouvons nous-mêmes en valsant.

Double inconvénient du manége tournant, que le manége à plancher circulatif n'a pas, puisque l'animal ne tourne pas, et qu'il n'a jamais les yeux bandés ; car, est-il possible de martyriser ainsi le *roi* des animaux domestiques, qui nous rend tant de services si précieux !

Comment se fait-il qu'on n'a pas étudié, avant ce jour, ces deux graves inconvénients ?

1° Le manége tournant, qui cause des vertiges ; 2° le cheval marchant sur un sol horizontal où le poids de l'animal fait obstacle à sa force remorquante.

Quand, au contraire, en piétinant sur un plancher incliné qui circule toujours en descendant sous ses pieds, le *poids* du moteur animé augmente son effort de traction de 25 gr. par kilogr., ce qui fait 60 kilogr. de force augmentative pour les 4 chevaux.

Or, quatre percherons, agissant ensemble sur plancher circulatif, représentent donc la force de *cinq* chevaux travaillant sur sol horizontal. Double avantage pour la propulsion des trains, où il faut 5 kilogr. par tonne pour entretenir sa vitesse régulière.

Et, dans ce cas, on a pour contrôle ces 3 espèces de traction :

1° *Moteur à vapeur*, dont chaque wagon a 400 $^c/_m$ carrés de frottement d'essieux, et exige une force de 5 kilogr. par tonne pour entretenir la marche de ses trains-omnibus ;

2° *Moteur animé sur sol*, où 4 vieux chevaux traînent sur les reils, à la gare de l'Ouest, un poids de 91,200 kil. répartis en 32 wagons, ayant 12,800 $^c/_m$ carrés de frottement.

3° *Moteur propulsif sur plancher mobile incliné*, où 4 chevaux, représentant cinq, produisent une traction, par force descensionnelle, de 340 kilogr. sur le plancher incliné ; en comprenant la force du collier et le poids spécifique des chevaux.

Ainsi, si 4 vieux chevaux traînent au Pas 91,000 kilogr. sur des reils nivelés, 4 bons percherons propulseront plus facilement encore 68,000 kilogr. à la même allure, en marchant sur un plancher mobile incliné, où leur poids augmente leur force du collier.

QUATRIÈME SECTION.

Description du plan de la Machine.

Voilà le manége hipprômique réduit à sa plus simple expression ; j'ai dû supprimer toutes pièces accessoires, comme on le voit par les tringles coupées, pour isoler le mécanisme manége, afin de le rendre plus compréhensible pour le public.

Les deux tambours TT ne portent que le poids du plancher mobile, et non celui des chevaux ; le poids de ceux-ci est supporté par les 4 plabandes H, sur lesquelles roulent les galets des soliveaux S, formant le plancher sans fin qui communique la force chevaline aux 2 volants, et ceux-ci la transmettent aux roues motrices de la machine.

Toutes les courroies ont des trous oblongs qui emboîtent les alluchons placés à la jante des roues du manége ; sans quoi, le lancement progressif du manége eût été impossible ; car les courroies unies dérapaient à chaque embrayement très-violent de la force des volants aux roues motrices pour faire démarrer le train.

Ce manége est très-simple ; il est seulement à trois transmissions, savoir :

1° Le plancher mobile P, composé des soliveaux articulés S, qui sont reliés entre eux comme une chaîne gall. Ce plancher communique son mouvement à la roue bicycle B par les tourillons, fig. $\bullet$, o, des soliveaux, qui rencontrent les dents ménisques en demi-lune, fig. $\mathfrak{D}$, du 1er diamètre de la bicycle B ; car, sans cette combinaison de roue à deux diamètres, il eût été impossible d'obtenir la vitesse et la force qu'on va voir.

2° L'arbre A des deux volants, qui porte au centre la poulie p ; et les deux Rotates costales R (poulies folles et fixes à volonté par un embrayage) : ces Rotates de transmission sont placées près des volants pour transmettre sans soubresaut la puissance rotative desdits volants aux roues motrices, au moyen de la courroie spéciale m.

3° L'essieu moteur M, dont le cercle manivelle $\mathcal{M}$ est adapté aux rais des roues motrices et fait corps avec elles ; celles-ci sont seules couplées sur leur essieu tournant ; mais les deux roues d'avant sont indépendantes, comme toutes les roues des vecgils.

Ces 3 transmissions sont entièrement, circulaires et par cela même suppriment les deux *points morts* du mouvement de va-et-vient des pistons d'une locomotive, puisque ces saccades cinethmiques n'existent nullement dans notre manége.

Avant d'établir la force de notre moteur, voyons d'abord la question cinethmique.

Vitesse effective des trains omnibus.

ORLÉANS : elle varie de 27 à 30 kilom. à l'heure.	EST : elle varie de 31 à 34 kilom. à l'heure.
LYON-MÉDIT. : — 27 à 34 — —	OUEST . . . .
NORD : — 30 à 40 — —	MIDI : — 26 à 27 — —

La vitesse moyenne effective est donc de 32 kilom., et de 35 pour les lignes du Nord. On verra encore que la vitesse moyenne de notre système est aussi de 32 kilom. à l'heure.

La différence de ces deux vitesses est : 1° la vitesse générale, en comptant le temps perdu pour lancer et arrêter le train ; 2° la vitesse de pleine marche : c'est celle qui se fait depuis le point de la vitesse voulue au point où l'on commence à arrêter le train.

C'est pour éviter ces pertes de temps de mise en marche des trains, qui sont d'une heure et demie par trajet de 500 kilom., que notre lancement progressif accéléré a été produit.

Car nos trains hipprômiques étant destinés à traverser les villes et villages, il faut pouvoir les arrêter promptement, en cas d'encombrements fortuits. De même qu'en faisant un service d'omnibus dans les grandes villes : Paris, Lyon ; où les stations seront très-rapprochées, il faut pouvoir partir comme une flèche et s'arrêter de même.

Cinéthmie hipprômique.

Le Pas accéléré des chevaux percherons est d'environ 112 par minute ; soit 8 de moins que les chasseurs à pied ; ce Pas sera l'allure moyenne et réglementaire du travail des chevaux hipprômiques, qui, à cette cadence, parcourent 108 mèt. par minute, et imprimeront la même vitesse à leur plancher mobile qui circule sous leurs pieds.

Répartition de la vitesse sur les organes du manége.

	Par minute.
Le plancher mobile, mû par des percherons à longues jambes, parcourra..............	108m 64e
La vitesse cheminante dudit plancher fera faire à la roue bicycle B................	44 tours 1/3.
Cette roue commande la poulie *p*, qui est 3 fois 1/2 plus petite (elle a 3 fois 1/2 moins de force, mais elle a 3 fois 1/2 plus de vitesse); la bicycle fait donc faire aux volants...	155 tours.
Ceux-ci transmettent, par les rotates, leur vélocité aux cercles moteurs *M* (moitié plus grands que les rotades), et font faire aux roues motrices..............................	77 tours 1/2.

Or, ces roues motrices ayant 6m 02e de circonférence, parcourront donc : 28,033m à l'heure.

Et si le deuxième diamètre de la roue bicycle a 16 °/m de plus, le tracteur fera, dans des cas exceptionnels, 32 kilom. à l'heure avec le Pas accéléré, ou 36 kilom. avec l'Entrepas.

Par exemple, pour fuir devant un train express, le train omnibus accélérera jusqu'à la première bifurcation; puis, rendu là, se garera; laissera passer le train véloce, et reprendra sa marche omnibus avec son Pas accéléré pour continuer sa route.

Ainsi, sans rien changer audit mécanisme manége, on aura, avec ces allures :

1º Pas de labour, très-lent : 14 à 15 km à l'heure.		4º Entrepas (amble rompu) 30 à 32 km à l'heure.		
2º Pas ordinaire , plus vite : 17 à 20 — —		5º Trot ordinaire............ 35 à 38 — —		
3º Pas accéléré, — 25 à 28 — —		6º Trot accéléré............ 38 à 40 — —		

L'accélération de la vitesse au-dessus de 32 kilom. ne sera jamais que momentanée ; car, les tracteurs de trains véloces ayant un rouage de plus, pourront faire 40 ou 50 kilom. à l'heure avec l'allure du *Pas accéléré*. Cette difficulté étant la plus grande, j'ai dû commencer par elle, parce qu'il fallait ajouter un jeu de rouages multiplicateurs au manége.

Dynamie hipprômique.

Tout le monde sait qu'après un quart d'heure de course nous n'avons plus la moitié de la force que nous avions avant le départ. C'est pour cela qu'on met à la diligence 4 chevaux, pour avoir la valeur réelle de deux. Car la *ratte* se gonfle, rend la respiration courte, et les chevaux qui trottent sur le sol pendant une heure sont essoufflés et n'ont même plus la moitié de la force qu'ils avaient avant de courir.

Les chevaux hipprômiques ne travaillant qu'au Pas, et se reposant 15 ou 20 minutes dans les pentes, ne seront jamais essoufflés ; et leur effort de traction sera toujours de 70 kilogr. par seconde. Il faut donc compter par le diamètre et le nombre des roues du manége, et non pas par la diminution dynamique des chevaux trottant sur le sol.

Le tablier du plancher mobile étant incliné à 8 °/m par mètre, le propre poids des chevaux augmente leur force du collier de 25 gr. par kilogr. au minimum. Car les chevaux ne montent pas, c'est le tablier PP qui va toujours en descendant. La traction sera donc de 280 kilogr. pour la force, et de 60 kilogr. pour le poids des chevaux ; total, 340 kilogr.

Réduction de la force pour obtenir la vitesse.

		Par seconde.
1re Transmission {	Sur le 1er diamètre de la roue bicycle B, où la force chevaline est directe	340 kilog.
	Sur le 2e diamètre de la même roue, étant d'un tiers plus grand.......	227 —
2e Transmission {	Sur la poulie fixe *p*, comme étant 3 fois 1/2 plus petite que le précédent	66 k. 1/5e
	Sur les deux rotates transmissives R, étant moitié plus petites.........	132 k. 2/5e
3e Transmission {	Sur les cercles, *M*, comme étant moitié plus grands que les rotates, des- quelles ils reçoivent leur force rotative, déjà doublée par lesdites rotates	264 k. 4/5e

Or, en prenant pour coefficient de traction les 5 kilogr. par tonne, comme sur les chemins de fer à vapeur, il faut encore réduire ce dernier reste, comme suit :

264 : : 0,005 kil. = 53 tonnes — $^{24}/_{100}^{es}$ de poids tractionné à la vitesse de 28 kilom. à l'heure, ou 46 tonnes remorquées à 32 kilom., si le 2e diamètre de la roue bicycle a 16 °/m de plus.

Démarrage des trains.

Les vecgils hipprômiques ayant des attelages élastiques, les chevaux moteurs n'auront qu'à faire démarrer, d'abord : le *tracteur* de 7,400 kilogr.; puis le 1er vecgil, le 2e, le 3e, etc.

Ainsi, chaque train omnibus étant de 6 vecgils, contenant 320 voyageurs avec bagage, et pesant en tout 43 tonnes, l'excédant dynamique sera donc de 10 tonnes.

Voilà pour les savants qui veulent des opérations arithmétiques ; mais on va voir que l'arithmétique n'est plus du tout en rapport avec les résultats mécaniques ; exemple :

Expériences des 20 et 24 mars 1864.

La machine au 10e a démontré qu'un *moteur quelconque*, placé dans les conditions hipprômiques, pourra tractionner, sur reils nivelés, 5 *fois* plus que sa force ordinaire, exercée sur le sol horizontal. Ainsi, un bon percheron qui traîne 4,000 kilogr. sur les petits pavés nivelés, *propulsera* 20,000 kilogr. en agissant sur le plancher incliné placé dans le *tracteur*, ou 80,000 kilogr. pour les 4 chevaux travaillant ensemble sur ledit plancher, et aussi facilement qu'ils en *remorquent* 92,000 sur les reils.

Mais comme il faut déduire d'abord 12,000 kilogr. pour répondre aux frottements généraux du train, plus 4,000 kilogr. pour les gravireils des roues motrices; c'est donc en définitive 64,000 kilogr. que les 4 percherons ou belges tractionneront à la vitesse de 28 kilom. à l'heure, avec les dimensions des roues du manége ci-joint ; et non pas 53 tounes, comme l'opération arithmétique s'évertue à le prouver.

Ces 64 tonnes seront d'autant mieux tractionnées avec facilité, que les quatre chevaux n'auront qu'à entretenir la marche du train, puisqu'il y a 2 volants de démarrage.

Les quelques petits frottements du manége sont : les arbres, A, B, D, M, et double T ;

Plus les 24 petits tourillons du plancher mobile, fig.● (voir le plan).

Pas même la 1,000e partie des énormes frottements d'une locomotive; car les tourillons blancs fig.◌◌, situés entre les pieds des chevaux, ne portent pas sur la plabande H et ne produisent aucun frottement. Il n'y a que les 12 soliveaux S, fig. ●, qui font pression sur la plabande.

On voit aussi le machiniste assis au milieu des 3 *leviers* L, I, J, avec lesquels il peut faire toutes les transmissions de mouvement. Le conducteur tient les rênes pour diriger le travail des chevaux ; il voit dans l'intérieur de la machine et peut circuler de sa place à la loge du machiniste par les deux galeries G, ménagées exprès pour ce service; enfin, il peut voir également en dehors par les petites fenêtres de sa cabine, pour signaler tout danger.

La courroie croisée *cc*, indiquée par des points longs, est inerte pendant la marche en avant ; elle ne sert qu'à faire marcher le tracteur en arrière, avec la même force et la même vitesse, sans changer l'allure des chevaux; car il n'y a pas à compter sur le recul des chevaux, comme on le sait parfaitement.

Un crottinoir, placé sous la machine, conservera les 2 puissants engrais hippiques.

Ses titres et sa valeur reconnue.

Le chemin de fer, ou mieux le *voldreil* hipprômique est breveté en France depuis 1855 ; la machine était déjà sur pied avant la prise du brevet, et je n'ai cessé de faire des modifications depuis ce temps. Le système est donc exempt de toute déchéance et même de priorité. Question capitale des brevets.

Il est honoré d'une médaille d'or, comme renfermant 8 procédés ou *appareils nouveaux* qui ne sont pas en usage chez les autres nations.

Il est approuvé d'abord par 2 rapports signés par des ingénieurs, industriels et savants de Paris ; puis par des écuyers, mécaniciens, ingénieurs civils, anciens ingénieurs de chemins de fer, *chefs* de gare et chefs d'équipe, dont les noms seront publiés plus tard, lesquels ont reconnu, après examen minutieux :

1° Son *effet utile* plus que suffisant pour le service véhiculaire du 4ᵉ réseau.

2° Son *application d'urgence* sur ces voies ferrées qui doit être considérée comme question véhiculaire de première utilité publique.

3° Son *moteur sans feu*, qui permet de l'établir sur les routes ordinaires ; même en conservant leurs rampes actuelles de 4 à 25 millim. par mètre ; mais avec des reils à fleur de terre sur les passages à niveau et dans toutes les villes traversées.

4° Son *mode de traction* économique dans le rapport de 84 pour cent, qui est appelée à rendre de très-grands services, d'abord au public, en supprimant les 9/10ᵉˢ des accidents et tous les ennuis de transvoiturages, puis à toutes les Compagnies des grandes artères ferrées, en les dégrevant des dépenses énormes qu'elles seraient forcées de faire pour construire et exploiter les petites lignes de raccordement, si le moyen proposé ne comblait pas avantageusement cette lacune de voies secondaires.

Voilà l'effet utile de notre traction ! Voyons maintenant le sort de son moteur.

Bien-être des chevaux hipprōmiques.

Des personnes ont cru que les chevaux travaillant dans une voiture-manége s'ennuieraient à mourir, fatigueraient beaucoup, sueraient à grosses gouttes, et enfin seraient très-malheureux !... Pauvres *gens* ! qui parlent sans savoir ce qu'ils disent.

Enfin, voici ma réponse : les tracteurs iront dans l'écurie même relayer leurs chevaux, qui, sortant de leur case hippique, entreront de suite en travail dans la machine motrice, qui sera couverte et disposée comme leur case d'écurie.

Ils n'auront jamais les pieds mouillés, autrement qu'en se baignant pour leur santé.

Ils ne marcheront jamais que sur du *bois* pendant leur travail hipprōmique.

Ils n'éprouveront jamais de refroidissement subit, comme éprouvent les chevaux qui travaillent dehors. Ils ne recevront donc pas ces coups de vent, ces averses de pluie ou de neige qui refroidissent subitement les chevaux, lorsqu'ils sont bouillants de sueur, et leur lèguent des *morfondures* presque toujours mortelles.

Puis, le travail omnibus use encore plus rapidement les chevaux ; car, à ce service, ils s'arrêtent très-souvent et repartent de suite sans reprendre haleine. Ah ! que la Compagnie des omnibus regrette amèrement de ne pouvoir supprimer ce grave inconvénient !

Quand, au contraire, les chevaux hipprōmiques seront toujours à couvert dans leur tracteur manége, et n'éprouveront aucune intempérie atmosphérique.

Ils travailleront pour monter une rampe et se reposeront aussitôt le sommet dépassé ; car ici leur intervention serait nuisible à la marche du convoi, puisque sur les pentes actuelles de nos routes, l'impulsion seule suffira pour entretenir la marche ; enfin, ils reprendront leur travail pendant une demi-heure environ avant d'entrer à l'écurie, où ils feront leur repas avec un repos de 3 ou 4 heures.

Voilà le travail intermittent des chevaux hipprōmiques pendant 6 heures par jour, soit 3 heures pour le relais du matin, et 3 heures pour le deuxième relais du soir.

Leur occupation hipprōmique se fera donc par coups de collier de 30 à 40 minutes, et toujours au Pas... Quand, au contraire, avec les diligences, ils trottent toujours dans les descentes, et sont déjà fatigués avant d'arriver au pied de la colline, qu'ils montent encore péniblement.

Pourront-ils s'ennuyer, ayant pour compagnie : trois de leur semblables à côté d'eux, le conducteur et le machiniste, qui, leur tournant le dos, fera de fréquentes manœuvres avec ses leviers de transmission ? Puis encore, le conducteur aura à s'entretenir avec le machiniste en mainte circonstance, comme le machiniste aura à donner des ordres au conducteur pour tous les temps d'arrêt des chevaux au commencement des pentes.

Ainsi, les chevaux seront choyés par leurs palefreniers, grassement nourris par leur administration, divertis par les trompettes harmonieuses que le machiniste fera retentir à tous les changements de voie, à tous les villages traversés et à toutes les arrivées aux stations.

En résumé, étant toujours à couvert, aussi bien dans leur tracteur que dans leur écurie, les chevaux hippromiques ne sauront jamais s'il *pleut* ou s'il fait *froid* dans les contrées qu'ils traverseront, en piétinant dans leur voiture-manége.

Plût au ciel que les hommes, cultivateurs et manouvriers, soient *tous* dans une semblable condition de bien-être civique!

CINQUIÈME SECTION.

Utilité des Volants et poids des trains.

C'est Watt qui le premier fit usage des volants régulateurs du mouvement des machines. Stéphenson n'a pas cru devoir les employer à sa locomotive, mais il a eu tort.

Car avec les volants on peut obtenir la mise en train du mécanisme moteur, qui peut servir puissamment au démarrage du convoi; et alors on a ceci.

Avantage des Rotates transmissives.

Ces poulies folles et fixes R, placées près des volants, ont pour mission de doubler nonseulement la force chevaline réduite, mais encore toute la puissance cinethmique de la mise en train sur place de tout le manége, y compris les 2 volants.

Car la force chevaline est donnée sur la poulie *p*, placée sur le même arbre, et cette force est rendue par les rotates R, qui ont 18 centimètres de diamètre, quand la poulie *p* en a 36. Les rotates ont moitié moins de développement, mais elles ont moitié plus de force que la poulie *p* de même, que la force chevaline et celle du mouvement du manége sont encore doublées par les cercles *M*, moitié plus grands que les rotates.

Or, 30 secondes avant le départ du train, on mettra les chevaux, le manége et les volants en mouvement ; et dès que ces derniers auront atteint leurs 150 tours (par minute), cette triple puissance cinethmique sera communiquée aux roues motrices du tracteur, qui partira promptement et emportera les chevaux aux vitesses suivantes.

A 16 kilomètres à l'heure avec le Pas de labour (très-lent), servant à gravir les longues rampes des pays montagneux ; à 22 kilomètres avec le Pas ordinaire, et ainsi de suite jusqu'à 36 kilomètres à l'heure, en mettant successivement les chevaux à toutes les allures, jusqu'au trot ordinaire, qui sera aussi utilisé quelquefois.

Alors, dès que la vitesse voulue sera obtenue, on débrayera les volants, et les chevaux n'auront qu'à entretenir la marche régulière du convoi pendant le trajet.

Les volants serviront donc, et de *force vive* pour démarrer le train, et de *poids mort* pour augmenter l'adhérence de la machine, qui devra peser 7 tonnes et demie pour pouvoir remorquer 8 vecgils, chargés à 5,000 kilogr. de poids utile à remorquer.

Dépenses de propulsion. — Exposé de la question.

Beaucoup de *gens* vous disent, avec une volubilité incroyable : « Mais un cheval vapeur « coûte moins cher à alimenter qu'un cheval animé; une machine fixe, de la force de 6 che- « vaux, produisant une puissance relative de 450 kilogr. par seconde, ne coûte que 3 fr. 50 « de combustible et 5 francs pour le mécanicien conducteur ; formant en tout bien compté, « disent-ils, une somme de 8 fr. 50 c. d'alimentation diurne. Quand 6 chevaux animés, ne « produisant qu'une force de 420 kilogr. par seconde, exigent 18 francs de nourriture et d'en- « tretien journaliers, soit 3 francs par tête et par jour ; ce qui fait une différence de moitié, « ou 50 pour cent plus cher que la vapeur. »

Voilà une tirade pyrobaliste qui paraît très-plausible de prime-abord; oui, mais cette *plausibilité* n'est vraie que pour les machines *fixes* (d'ateliers). Car la dépense des machines roulantes diffère presque du tout au tout.

En effet, la locomotive n'est-elle pas obligée de traîner avec elle son tender pourvoyeur, et de porter elle-même tout son attirail de chauffage ? Puis son roulement, même sur des rails bien unis, n'ébranle-t-il pas tous les assemblages de la machine et tous les organes du mécanisme moteur, qui sont *minutieusement ajustés* ?

Cet ébranlement nécessite de fréquentes réparations, moitié plus coûteuses, que les réparations générales d'une machine fixe ; parce qu'une locomotive fait un double travail de force et de vitesse à la fois, dont voici la preuve : La voiture à vapeur qui roulait, en 1842-43, sur la route de Paris à Versailles, eut tous ses organes mécaniques disloqués avant qu'elle eût gagné assez d'argent pour se renouveler, et pour cela même fut supprimée.

En 1846, M. Indrix, de Paris, fit aussi une voiture à vapeur, sur les plans d'un ingénieur civil ; cette voiture allait de la rue du Bac au Champ de Mars ; elle fit 22 ou 23 fois le trajet, et resta *douze* fois en route ; parce que les cahots du pavé disloquaient les organes de son mécanisme à 3 cylindres. Il y avait toujours quelques ruptures.

On ne pouvait même pas rouler deux fois de suite sans accident ! Force fut donc d'abandonner et la voiture vaporifère et les beaux projets conçus.... Que ces renseignements servent d'avis salutaires aux amateurs pyrobalistes !

D'un autre côté, la déperdition des forces propulsives est comptée à raison de 50 pour cent, dans toutes les machines à vapeur, d'abord à cause des frottements du mécanisme à piston, des tiroirs qui absorbent une grande force ; puis des glissières et des bielles.

Quant aux locomotives, il est impossible de préciser la force qu'elles devront exercer à tel endroit plutôt qu'à tel autre lieu ; on a seulement décidé qu'on ne ferait plus de cylindre à 40 centimètres de diamètre pour ces machines roulantes.

Ils sont actuellement de 44 centimètres de diamètre intérieur ; mais ce n'est pas étonnant, puisqu'il faut déjà la force de 7 chevaux-vapeur pour remorquer le poids mort d'un train, dont la locomotive n'a que son poids *seul* pour produire une adhérence suffisante.

Comparaison pondérable et propulsive.

Poids de voiture d'un train du système à vapeur.

La Compagnie de Lyon-Méditerranée a 1,050 locomotives et 40,000 wagons sur sa ligne.
Une machine à voyageurs pèse 50 tonnes et son tender 16...... Ensemble. **66** tonnes.
Dix wagons, sans impériale, à 4,500 kilogr. chacun, comme poids de sûreté. **45** —

Poids de voiture d'un petit train de provinces..... **111** tonnes.

Voyageurs et bagages.

320 voyageurs des 10 wagons, à 70 k. chacun et 20 k. de bagages, soit : **28** tonnes 1/2.

(Wagon à 32 places en moyenne des trains omnibus.) Total...... **139** tonnes 1/2.
Or, l'effort de traction d'un cheval-vapeur étant de 75 kilogr., il faudra donc :
D'abord, une force de 7 chevaux $1/3$ pour propulser le moteur et les wagons ; et seulement 2 chevaux-vapeur ($+ 6/10^{es}$) pour tractionner les 320 voyageurs et les bagages (car on a : $28^t \times 5^k = 140$ kilogr., ou 2 chevaux-vapeur $- 1/10^e$).

Système hippromique.

Un seul *tracteur* sans tender, machiniste, conducteur et 4 chevaux......... **7** tonnes 1/2.
Six vægils (avec impériales ou rotondes) nouveau modèle à 1,100 k. chaque. **6** — 1/2.

Poids de voiture d'un train omnibus..... **14** tonnes.

Voyageurs et bagages.

320 voyageurs à 90 k. chacun, y compris les 20 k. de bagages par tête. **28** tonnes 1/2.

(Vægil à 54 places avec impériale.) Total.... **42** tonnes 1/2.
Or, l'effort de traction des 4 chevaux étant réduit à 264 kilogr. sur le cercle manivelle *Ac* de chaque roue motrice, on a : $(14^t \times 5^k = 70$ kilogr. ou un cheval percheron) pour pro-

pulser le poids de voiture, et 2 chevaux pour tractionner les 320 voyageurs, y compris leurs 20 kilogr. de bagages, qui n'atteignent jamais ce chiffre.

D'où il résulte qu'en faisant travailler 4 chevaux sur un plancher mobile incliné, où leur poids augmente leur force du collier de 25 grammes par kilogr., la raison probante démontre mathématiquement que 4 percherons ne portant *rien !* (pas même un litre d'avoine) correspondent à 30 chevaux-vapeur portant *tout !* (l'attirail du mécanisme moteur, avec chaudière tubulaire, foyer, cheminée, etc., etc.) Ainsi, il faut une force directe de 30 chevaux-vapeur pour lancer un train de 320 voyageurs, pesant en tout 139 tonnes $^1/_2$; et il ne faut que 9 chevaux 1/3 pour entretenir sa marche à raison de 30 à 40 kilomètres à l'heure.

Quand, avec le système hippromique, il faut la valeur de 5 chevaux animés pour lancer ce même train de 320 voyageurs, pesant 42 tonnes $^1/_2$; dont on obtiendra amplement cette force avec l'emploi des volants et seulement une force de 3 chevaux $^1/_{100}^e$ pour entretenir la mamarche régulière de ce train à la vitesse de 28 à 32 kilom. à l'heure ; suivant le diamètre des roues du manége.

Pourquoi ? Parce que si la compagnie d'Orléans a reconnu qu'il faut une force de 5 kilogr. par tonne pour entretenir la vitesse de ses trains, cette dynamie est due à la pesanteur de ses wagons et au frottement de leurs essieux de 100 centimètres carrés par tourillon.

Tandis que nos *vecgils*, avec leurs roues spéciales, n'ayant qu'un frottement de 20 $^c/_m$ par moyeu, et un poids de 1,100 kilogr. au lieu de 4,500, procureront d'abord une 1re économie frottative de 80 p. 0/0, qui diminuera d'autant la résistance de traction, puis une 2e économie pondérale de 76 p. 0/0 sur le poids de voiture, permettant d'augmenter d'autant le poids utile à remorquer. Il faudra donc bien moins de force pour tractionner les *vecgils* que pour *traîner* les wagons... (Voyez comme la description est coulante avec un nouveau mot !)

Or, cette diminution sera de 1 kilogr. sur 5 pendant la vitesse de pleine marche.

Et alors, au lieu de 53 tonnes tractionnées, d'après l'opération arithmétique, ce sera 66 tonnes qu'on pourra remorquer à la vitesse de 28 kilom. à l'heure. Seulement, ce fait dynamique n'ayant pas été expérimenté en grand, nous sommes forcés de compter sur les 5 kilogr. par tonne comme force d'entretien de la marche du train, pour répondre d'avance à toute objection.

En résumé, le poids de nos trains hippromiques de 6 vecgils étant seulement de 42,500 k. *tout compris*, et notre force propulsive de 53,000 kilogr. ; il reste donc un excédant dynamique de 10,500 kilogr. pour répondre, soit au gravitement des rampes dans les pays accidentés, soit à transporter un plus grand nombre de voyageurs, ou de colis messageries.

Frais de locomotion des deux systèmes.

Traction à vapeur.

On donne aux machinistes de trains à voyageurs 10 kilogr. 50 gram. de coke par kilom. à parcourir, et 17 kilogr. de charbon aux machinistes à marchandises.

Mais sur les grandes artères ferrées, on compte 1 kilogr. de combustible par kilom. et par wagon à tractionner ; c'est encore une règle qui est devenue générale par l'usage.

Or, comme tous les trains varient de 10 à 20 wagons sur toutes les lignes, la moyenne est donc de 15 kilogr. de combustible brûlé par kilomètre parcouru.

Les Compagnies de chemin de fer, en raison de leur facilité de transport, ont leur combustible à 30 fr. la tonne en moyenne ; et dans ce cas, on a cette *dépense* :

Frais de traction.

1° *Combustible* à 0,03 cent. le kilogr. (30 fr. la tonne), les 15 kilogr. font............	0,45 cant.	par kilom.
2° *Entretien du mécanisme* à vapeur et de toute la locomotive......................	0,18 id.	id.
3° *Graissage* considérable (340,000 fr. par an, pour Paris-Lyon, 525 machines)....	0,03 6/10°	id.
4° *Aiguilleurs* et gardes-barrières inutiles (que nous n'aurons pas)................	0,09 6/10°	id.
Total par train kilométrique (non compris les hommes du train).......	0,76 2/10°	par kilom.

Et encore non-seulement sans compter le personnel du train, qui sera à peu près le même dans les deux systèmes, mais sans comprendre, dans ce compte de traction, ni les frais d'administration, ni l'entretien de la voie ferrée, etc., etc.

TRACTION HIPPROMIQUE.

Les relais seront espacés de 80 en 80 kilom. pour les trains omnibus ; mais pour les trains poste, ils seront de 240 en 240 kilom. Chaque équipage, de 4 chevaux, franchira 2 relais omnibus par jour et un seul relais de train véloce.

La vitesse moyenne des trains omnibus sera de 32 kilom. à l'heure ; et la vitesse des trains véloces de 50 kilom., en faisant usage de tracteurs spéciaux, comme il a été dit page 50.

La nourriture, ferrage, harnais et entretien de chaque cheval est de 3 fr. par jour ; et comme ils travailleront toujours par 4 dans leur tracteur, c'est donc 12 fr. par jour qu'ils coûteront en parcourant leurs 160 kilom. ; soit : 80 le matin et 80 l'après-midi.

Or, 12 fr., divisés par 160, font : $0^f\ 07^c\ {}^1\!/_2$ par train et par kilom. parcouru ; puis, n'ayant ni *feu*, ni mécanisme à piston avec tout son attirail de glissières et d'excentriques, l'entretien et le graissage de nos tracteurs se fera par abonnement à raison de 720 fr. par an, et sur le pied d'un parcours de 160 kilom. par jour.

Cette double dépense sera de $0^f\ 01^c\ {}^4\!/_{10}{}^{es}$, qui, jointe aux frais de traction précités, formeront en compte rond : $0^f\ 09^c$ par train kilométrique, au lieu de 76 centimes ${}^2\!/_{10}{}^{es}$ de dépense pyrobaliste de chaque locomotive ; soit seulement la 8e partie ${}^1\!/_2$ des frais de traction qu'exige le système à vapeur. Sans compter les allocations de charbon pour les manœuvres des trains en gare, cotées à 72 kilogr. par heure et par machine ; plus 10 kilogr. consommés par chaque machine de stationnement, que l'on tient constamment en feu pour porter secours, à tout instant, aux trains en détresse sur la ligne.

Double dépense qui n'existera nullement dans notre système hipprômique puisqu'il y aura toujours des chevaux en réserve pour ce service de secours extraordinaire, et pour le service d'omnibus allant de la gare aux différents quartiers des villes.

Maintenant, pour les trains véloces, on sait que les chevaux moteurs doivent se reposer à toutes les pentes ; eh bien ! dans un parcours de 240 kilomètres, il y aura toujours une pente longue qui permettra un repos de 30 ou 40 minutes ; comme on peut le voir au bas de la carte.

Or on profitera de cette pente, située vers le milieu du parcours, pour faire manger le petit picotin aux chevaux qui doivent rester en tracteur pendant 5 heures pour franchir les 240 kilomètres d'une seule traite, et sans aucun arrêt.

Ce train véloce n'emploiera donc que 4 chevaux au lieu de 8 employés par le train omnibus. D'où il résulte, qu'un train véloce coûtera moins cher qu'un train ordinaire à voyageurs, avec ses relais de 80 en 80 kilomètres ; quand, avec le système à vapeur, c'est précisément le contraire qui a lieu ; car les trains omnibus dépensent 76 cent. et les trains express 2 fr. 20 par kilomètre.

SIXIÈME SECTION.

Coût du Matériel roulant.

La construction des machines se fait au poids, sur le pied d'environ 2 fr. 25 le kilogr. ; celle du tender est un peu moins chère ; enfin, ils coûtent tous deux 80,000 francs vides.

Passe encore pour ce prix, si les réparations n'étaient pas si dispendieuses.

Les wagons à voyageurs coûtent : 1re classe, 16,000 fr. ; 2e classe, 12,000 fr. ; 3e classe, 8,000 fr. ; la moyenne est donc de 11,000 fr. par wagon ; et cela, toujours à cause de leur poids.

Les machines à marchandises, étant plus lourdes, coûtent naturellement plus cher ; mais leurs wagons, du poids de 2,850 kilogr. en moyenne, coûtent 5,000 fr. pièce.

Les locomotives peuvent faire 27,000 kilomètres avant d'entrer au dépôt des grandes réparations, qui coûtent très-cher, et leur parcours journalier est de 120 à 130 kilom. ; car il ne faut pas croire qu'une machine tractionne un train de Paris à Lyon sans débrider; non, certes ! et le compte suivant en donne la preuve.

PARCOURS JOURNALIER DES LOCOMOTIVES.

De Paris à Montereau, 79 kilom. ; de Montereau à Tonnerre, 118 ; de cette ville à Dijon, 118 ; de Dijon à Mâcon, 126 ; et de cette ville à Lyon, 71. Total : 512 kilom. parcourus en 5 reprises et 5 locomotives. Puis, il faut encore une 6ᵉ machine pour répartir le lendemain.

Ainsi, pour être toujours dans de bonnes conditions de marche rapide, il faut 5 locomotives pour aller jusqu'à Lyon, et 9 pour conduire un train jusqu'à Marseille ; par la raison qu'il faut un jour à deux hommes pour nettoyer une seule machine et son tender, à cause des petits tubes de la chaudière tubulaire. Il faut aussi : *Wagons spéciaux* pour la voie ferrée : *Omnibus* pour transporter les voyageurs en ville, qui est toujours un peu éloignée de la gare, et enfin, il faut encore des *camions* pour retransporter les colis de la gare chez les clients.

D'un autre côté, pour desservir convenablement toutes les localités riveraines d'un parcours, il faut au moins 10 trains omnibus et à marchandises ; soit 5 aller 5 retour. Ce service exigera 36 machines à voyageurs et 8 à marchandises.

Or, au lieu d'avoir 3 locomotives par train et par trajet de 240 kilom., un seul de nos *tracteurs*, n'ayant ni chaudière tubulaire, ni cylindres à piston, pourra non-seulement tractionner son train aller et retour sur ce même parcours de 240 kilom.; mais pourra rouler pendant un an sans débrider ; car le repos de 2 heures, fait aux gares d'arrivée, suffira grandement pour nettoyer et graisser les tourillons de frottement qui sont peu nombreux, de même que nos *vecgils* pourront faire le même service sans aucune interruption.

Prix comparatifs des moteurs.

Système à vapeur.	Système hipprômique.
Chaque locomotive et tender, coûtant en moyenne 80,000 fr. prix courant ; les 36 à voyageurs et les 2 de gare coûteront donc................ 2,900,000 fr.	Chaque tracteur (sans tender) coûtant en moyenne, prix manufacturier, 12,000 fr. pièce, les 12 à voyageurs du service annuel coûteront... 144,000 fr.
Plus, les 8 à marchandises, coûtant en moyenne 90,000 fr. pièce, font... 720,000 »	Plus, les 3 à marchandises coûteront le même prix chacun, les trois.. 36,000 »
Total des moteurs *à feu*........ 3,680,000 fr.	Total des moteurs, *sans feu* ... 180,000 fr.

Par ces motifs de suppression totale du feu, du tender et des machines de gare, il ne faudra donc que la 20ᵉ partie (+ ⁴⁵/₁₀₀ᵉˢ) des dépenses de machines motrices.

Double avantage secondaire.

Les tracteurs omnibus faisant 2 relais les jours ouvrés, soit 160 kilom., et les trains véloces 240 sans s'arrêter, le parcours sera dès lors de 77,000 kilom. par année ; car les trains omnibus seront doublés les jours fériés, suivant les besoins du service.

Les locomotives ne pouvant faire plus de 25 à 27,000 kilom. sans entrer au dépôt des réparations, elles y rentreront donc 3 fois pour faire ce parcours de 77,000 kilom.

FRAIS COMPARATIFS D'ENTRETIEN.

Système à vapeur.	Système hipprômique.
Les 40 locomotives en service actif, non compris les 4 en réserve, parcourant en moyenne 26,000 kᵐ chacune ; les 40 feront donc un parcours total de 1,040,000 kilom. par année. Or, d'après le compte détaillé, page 55, qui démontre que l'*entretien* et le *graissage* coûtent 21 centimes 6/10ᵉˢ par machine et par kilom. parcouru, on a donc, pour les moteurs seulement, une dépense de..... 226,800 fr. par an.	Les 13 tracteurs en service actif, non compris les 2 en réserve, parcourant chacun 77,000 kilom. sans *débrider*, les 13 feront donc un parcours total de 1,001,000 kilom. par année. Or les 15 tracteurs, dont 2 en réserve alternative, à 720 fr. de graissage et d'entretien par abonnement, n'occasionneront, pour leur parcours annuel de 1 million de kilom., qu'une dépense de............ 10,800 fr. par an.

Par ces motifs, il ne faudra donc que la **21**ᵉ partie (juste) des frais d'entretien des moteurs... Ainsi l'économie de ce chapitre est si grande, qu'on ne peut même pas l'exprimer à *tant* pour 0/0, et je laisse ce soin à nos célèbres algébristes. Car, lorsqu'il y a 10 fr. de dépensés sur 100, l'économie est de 90 pour 0/0; mais ici, il ne faut que la 21ᵉ partie des frais d'entretien. Or, à combien pour 0/0 est l'économie ?

Service de correspondances.

On vient de voir qu'il faut seulement 12 tracteurs pour le service actif des 10 trains journaliers, au lieu de 36 locomotives pour faire le même service. Ce n'est pas tout : il y a encore cet avantage remarquable du système hipprômique, sur la traction spéciale à vapeur, pour la question de correspondance.

COMPARAISON VÉHICULAIRE DES FRAIS ACCESSOIRES

<table>
<tr><td>

Surcroît de dépense forcée.

du système à vapeur.

Chaque gare de Paris occupe en moyenne 16 omnibus, qui sont remorqués par 144 chevaux ; plus 56 environ pour le camionnage.

Dans les villes de province, ce transport est concédé à des particuliers, qui reçoivent un prix équivalent aux voyageurs transportés à la gare, ou de celleci aux petites localités:

Or la dépense étant de 6 fr. par jour, pour la nourriture et l'entretien des 2 chevaux attelés à chaque omnibus, qui parcourt 22 kilomètres, c'est donc 27 centimes par kilomètre pour desservir la huitième partie de la population parisienne, qui est de 203,000 âmes; la moitié d'une population riveraine des lignes jonctionnaires d'une longueur moyenne de 185 kilomètres. Et comme le service d'omnibus en province représente le quart environ de celui de Paris, c'est donc 6 centimes 8/10ᵉˢ qu'il faut ajouter à la dépense de traction à vapeur de 76 c. 2/10ᵉˢ (voir page 55), formant en réalité **83** c. par train kilométrique de 6 wagons seulement; et cela sans compter les dépenses du camionnage.

</td><td>

Bien-être nécessaire.

du système hipprômique.

D'après l'avis des *écuyers*, il faudra alterner, tous les ans, les chevaux de réserve destinés à faire le service d'omnibus roulant isolé sur le sol.

Ces petites courses régulariseront la circulation du sang et prolongeront la durée du service actif des chevaux de deux ans ; pourvu que certaines parties du corps, bouillant de sueur, ne reçoivent pas de pluies froides qui puissent les transir.

Or les chevaux hipprômiques, après deux heures de repos, pourraient même être réattelés au vecgil omnibus qui transportera les voyageurs ou les colis de la gare au centre des quartiers retirés de chaque ville desservie.

Ce second service compléterait leurs huit heures d'*occupation* par jour, et environ cinq heures de travail constant en deux relais ; et qui serait encore alterné par les pauses dans les pentes.

D'où il résulte que le service omnibus de correspondance n'augmentera nullement la traction hipprômique, qui restera toujours à 9 centimes par train kilométrique de 6 vecgils; et faisant *tous* un service mixte de voie et de ville.

</td></tr>
</table>

Par cet avantage de suppression totale des omnibus spéciaux de correspondance, il ne faudra donc que la **9**ᵉ partie (+ ¹/₄₀ᵉ) des *frais* de traction (9 fois 9 = 81).

Ici on peut du moins compter cette économie propulsive à tant pour cent, car lorsque la traction vaporifère aura absorbé en combustible, en graisse et en entretien des moteurs, une somme de 83 fr. par train et par trajet de 100 kilom., la traction hipprômique n'aura dépensé que 9 fr. pour faire le même service.

Résumé véhiculaire.

Ainsi, la *locomotive brûle* 0ᶠ 45ᶜ de charbon qui est perdu pour tout le monde! quand le *tracteur* exigera seulement, pour ses quatre chevaux, 0ᶠ 08ᶜ de fourrages, qui, certes, ne sera pas perdu tout entier pour notre agriculture. Car on sait que l'engrais hippique, du solide et du liquide combinés, forme le plus puissant végétatif de tous les amendements connus.

CHAPITRE VIII

OBSERVATION.

On a peut-être trouvé mon rigorisme un peu sévère à l'égard de la traction à vapeur ; mais lorsqu'on apprendra, par des débats, le tort considérable que l'esprit de parti de ce système m'a fait ; et quand on saura aussi la funeste lésion qu'il a causée à notre agriculture, on ne sera plus étonné alors de ma sévérité.

QUESTION DES TRACÉS SPÉCIAUX.

PRÉAMBULE.

Jusqu'à ce jour, on a suivi en France la méthode anglaise pour les chemins de fer, en faisant rayonner les lignes ferrées de la capitale aux frontières nationales. En effet, on voit ces théories de principe établir les mille *sinuosités* de leurs grandes *artères ferrées* qui, semblables à *certaines gens*, sont remplies de *détours !* Et qui supporte les frais de ces détours inutiles ? Eh ! parbleu, ce sont les voyageurs, qui payent *tant* par kilom.; et plus ils en parcourent plus ils payent. *Pourquoi ?* Hélas! ne pouvant supporter la raideur des rampes, ce vélocifère a dû courir le long des rivières pour trouver son terrain nivelé, et pour avoir aussi : 1° de grandes courbes à tourner en passant loin de tout groupe d'habitations ; 2° de plus importants trafics, en vue de pourvoir à ses énormes frais de traction ; 3° de plus grandes facilités à ravitailler ses locomotives qui vaporisent beaucoup d'eau.

Ce système ne peut donc pas utiliser nos 48,000 kilom. de routes stratégiques ? Non ! à cause de son lourd matériel roulant, qui est rigide comme une barre de fer ; car, pour rouler sur les routes, il faudra tourner presque court, en ces trois circonstances :

1° Dans tout embranchement de route transversale, où la courbe aura 20 mètres de rayon ;

2° Dans toute ville traversée à rase terre, où il y aura des circuits très-courts à tourner ;

3° Dans les gares sans plaque tournante ni aiguillage, où il faudra tourner comme dans l'angle d'une équerre, pour se garer des trains en mouvement.

Voilà trois obstacles qui sont insurmontables pour le système à vapeur.

Il lui faut donc un tracé spécial, ne servant uniquement qu'à lui seul ?

Oui ! — Mais qu'a-t-on fait en faisant rayonner ainsi ces longues artères ferrées ? — Eh ! parbleu, on a fait un gigantesque polype!... Paris est le corps de l'animal, et les lignes stratégiques forment les longues pattes fibreuses du polype. O globe terrestre ! tu n'avais qu'un seul être multipède et invertèbre, dont les parties divisées pouvaient se reformer en entier et revivre comme si elles n'avaient pas été coupées ; eh bien ! te voilà maintenant pourvu d'un formidable multifibre, dont les membres *roulants* se divisent tous les jours en mille parties, et, semblables à ton polype d'eau douce, se reforment plus loin dans leur entier, et sillonnent ainsi la surface de ton sol... Ah ! tu serais vraiment doté d'un magnifique pachyderme multicycle, s'il n'était pas aussi anthropophage ! Mais, patience ! quand ses dents canines et ses griffes trop habiles seront coupées ; quand l'espèce humaine n'aura plus un pied dans le wagon et l'autre pied dans la barque à *Caron*, oh ! alors, les bardes chanteront les merveilles de ton 2ᵉ polype au cent mille yeux roulants, comme création prodigieuse du génie humain !

Oui ! mais que d'énergie il faudra déployer ! que d'abnégation il faudra s'imposer pour maîtriser l'anthropophagie de ton 2ᵉ polype *multicycle*, afin de le rendre civilisateur, sans détruire les membres de l'espèce humaine !

PREMIÈRE SECTION.

Considérations géométrique et véhiculaire.

Notre réseau ferré n'avait, en 1858, que 7,000 kilom. exploités, et pourtant on comptait déjà 5 accidents par jour, qui brisaient le matériel et mutilaient les voyageurs , comme ils tamponnaient 65 hommes d'équipe en moyenne par année. Que serait-ce donc ! si l'on portait ce réseau à 48,000 kilom. comme à notre réseau routier de routes impériales, belles, larges de 12ᵐ, et bordées d'arbres ? C'est alors que ce polype métallique deviendrait le vampire des nations civilisées ! C'est alors qu'il faudrait se mettre constamment en garde contre les combinaisons exploitatrices de ses pattes habiles !... Mais la pénurie commerciale est venue tout à coup mettre un frein à ses brillantes illusions.

En effet, car, en supposant que la locomotion vaporifère desserve seulement les lignes stratégiques de 10,000 kilom., il faudra forcément ajouter 35 ou 37,000 kilom. de lignes secondaires établies sur nos routes pour desservir, en 4 directions d'abord : les 88 préfectures entre elles, puis toutes les sous-préfectures à leur chef-lieu de département; et enfin, transversalement, en sens oblique , toutes les lignes stratégiques ferrées... (telles qu'elles sont actuellement).

Quand, au contraire, si l'on conserve les troisième et quatrième réseaux de lignes de raccordement comme elles sont indiquées sur les plans de projet, on fera faire de longs détours aux voyageurs, qui payent en moyenne 8 centimes par kilomètre parcouru ! Prenons, par exemple, la ligne de Strasbourg. La ligne ferrée a 502 kilomètres, quand, en ligne droite, il y a seulement 400 kilomètres; eh bien! admettons 20 de plus pour les courbes indispensables et les rampes, soit en tout 420 kilomètres à payer : or, le trajet *redressé* ferait payer seulement à la deuxième classe 33 fr. 60 c. par trajet, quand le parcours *sinueux* fait monter le prix de chaque place à 42 fr. 15 c. Les voyageurs profiteraient donc de 8 fr. 55 c. pour chaque voyage qu'ils feraient. Oui, mais le système n'étant nullement organisé pour gravir les rampes, il a fallu tous ces *détours*, au grand préjudice du public... Et le deuxième réseau concédé, ayant 6,000 kilomètres, renferme encore de bien plus longs détours. (Qu'elle ineptie !) Car enfin, que l'on consulte le journal *le Train*, réseau de Paris-Lyon-Méditerranée, et l'on verra si une telle combinaison est digne du xixᵉ siècle, et si au contraire, elle ne met pas à nu l'ineptie des gens qui l'ont *bâclée !*

Ah ! si on avait d'abord fait un tracé provisoire au crayon, on se serait dit : « Si nous tra« vaillons de la sorte, nous ne desservirons pas convenablement toutes les populations des « 88 départements, et nous tomberons dans un double ridicule. » Et dans ce cas, on ne verrait pas ce tracé baroque sur les cartes de France, dont le journal *le Train* a dû supprimer les trois quarts des détours pour rendre son *tracé* plus agréable à l'œil des futurs voyageurs. Comment feraient-ils donc, ces gens savants, s'ils étaient condamnés au bannissement perpétuel, ou à pourvoir la France de 48,000 kilomètres de voies ferrées propres à desservir les 88 préfectures en 4 sens, et les 11 lignes stratégiques de l'État? Car, en supposant que *tous les agenceurs réunis* des voies ferrées du xixᵉ siècle soient frappés *d'ineptie incurable*, il faudra pourtant bien que nos arrière-petits-fils arrivent à ce résultat véhiculaire dans le cou-

rant du xxᵉ siècle. Et dans ce cas, quelle opinion ces petits-fils auront-ils de notre intelligence?....... Eh! parbleu, ils nous qualifieront de vrais Béotiens!

O vous Français sensés, qui sentez comme moi du sang national circuler dans vos veines,
souffrirez-vous qu'un jour on jette une pareille épithète à la face de vos petits-enfants, en leur
disant : Vos aïeux n'étaient que des *copistes !* Souffrirez-vous qu'en 1901 on ternisse ainsi
notre propre réputation, et cela pour n'avoir pas su vaincre les obstacles de la locomotion
sur terre, ce puissant promoteur de toutes les prospérités civilisatrices des nations?

Car, avec la traction vaporifère, non-seulement les 3ᵉ et 4ᵉ réseaux ne peuvent pas être
desservis, parce qu'elle est 8 fois trop coûteuse; mais la construction immédiate des 37,000
kilomètres ferrés sur les routes est matériellement impossible. Et pourtant, pour avoir ce
grand Réseau à traction rapide, il faudra bien que les générations du xxᵉ siècle le fasse forcément, et cela, pour sûr sans pyrobaliste... Parce que les six grandes impossibilités (citées
aux Préliminaires) viennent se *dresser* contre la mise en pratique de ce prodigieux problème
de voies ferrées : d'abord , à cause des lourds véhicules de ce système à vapeur, qui exigent
des reils de 35 à 37 kilogr. le mètre courant pour résister à la *lourdeur* des machines de 50 à
60 tonnes; puis, à cause des frais énormes d'établissement et de traction.

D'un autre côté, la voie est toujours élevée à 5 ou 6 mètres du sol, ou elle se trouve en
contre bas d'autant, à peu près; elle est soigneusement clôturée; il est défendu à quicon-
que de la traverser; et comme les passages à niveau, les passerelles, etc., sont très-éloignés
les unes des autres , cette voie ferrée coupe partout la circulation publique des villes
et des champs. Et ce qu'il y a de plus *drôle*, comme on va le voir, c'est que, sur 10,500
kilomètres exploités, il y a déjà plus de mille kilomètres de lignes fausses, qui, pour aller chercher leur terrain nivelé, passent dans des contrées planes en suivant le cours des rivières;
mais ces lignes sinueuses laissent de côté des centres de population, et même des chefs-lieux
d'arrondissement, qu'elles ne desservent pas!... Alors les Compagnies sont obligées d'impro-
viser un embranchement qui forme une impasse de ligne, et fait éprouver une perte considérable à l'exploitation de la ligne principale.

Le chemin de fer à vapeur, tel qu'il est conçu en 1864, n'est donc que l'ébauche d'un autre
système véhiculaire, qui serait rationnel, complet et perfectionné. Car, à part sa force brutale,
il faudrait le refondre tout entier, pour avoir un moyen très-simple de transport sur route qui
puisse répondre à tous les besoins commerciaux du pays.

En agissant ainsi, ce nouveau système desservirait uniformément toutes les villes d'arrondissement , et on ne déshériterait personne; puisqu'il est avéré que telle ville est peu
peuplée à telle époque, et tout à coup un revirement *technurgique*, commercial ou maritime
la rend très-importante; témoin : Cholet, Mulhouse, Saint-Nizaire, etc.

La bonne maxime est donc de s'appliquer à établir de longs *voîdreils* qui traverseront la
France de toutes parts, afin de conduire en ligne droite, les populations et leurs produits de
telle contrée à telle nation, en vue de faciliter les relations commerciales et industrielles de
notre pays; quand, au contraire, si l'on consulte la carte de France, on est de suite convaincu
qu'en fait de chemin de fer, on n'a *rien fait* de radicalement *bon*... puisque ce système ne peut
supprimer : ni ses longs détours, ni même amoindrir ce chiffre effrayant de 1,032 sinistres
qui, tous les ans, ont lieu sur notre réseau ferré de 10,500 kilomètres seulement.

Que serait-ce donc si l'on portait ce réseau à 48,000 kilomètres, nonobstant les pertes
énormes qu'il ferait éprouver aux grandes lignes? Mais il serait capable de dépeupler les nations par ses nombreux accidents! Car en suivant la progression des kilomètres exploités aujourd'hui, ces sinistres de toute nature seraient dans le rapport de 1 à 4, ou d'environ 3,000
par an; c'est-à-dire de 8 à 9 accidents par jour, qui briseraient le matériel et conséquemment
mutileraient plusieurs centaines de personnes.

Voyons maintenant la nouvelle méthode pour desservir uniformément les villes.

DEUXIÈME SECTION.

RÉSEAU HIPPROMIQUE.

DESCRIPTION DE LA CARTE.

Le tracé à un seul trait noir représente le réseau du chemin de fer à vapeur, et le tracé à deux traits démontre le réseau hipprômique établi sur des routes stratégiques comme il est indiqué sur le deuxième cliché, page 41... Ce réseau hipprômique ne ressemble donc pas à un *polype?*... Il va même détruire la forme bizarre du réseau à vapeur par une série de lignes qui vont dans toutes les directions, et cela, sans avoir égard à telle ville plutôt qu'à telle autre cité. En agissant ainsi, on dessert tout le monde, et on ne fait pas de déshérité...

Les deux plus longs *voïdreils* sont :

1° La ligne nordaise de France, partant de Puycerda en Espagne à RESS en Hollande; elle a 1,190 kilomètres, y compris 50 kilomètres de rampes et de courbes pour enjamber les montagnes, comme le tracé l'indique. Ce *voïdreil* desservira : 14 départements français; tout le Luxembourg, 25 chefs-lieux d'arrondissement, et, transversalement, 8 grandes lignes du chemin de fer à vapeur; ce dernier ne pourrait pas desservir ces localités aussi directement.

Ce *voïdreil* aura 15 relais de trains omnibus établis de 80 en 80 kilomètres, indiqués par la trompette ☞ sur la carte; et seulement 7 relais de train poste, situés à tous les 240 kilomètres environ, et désignés par le signe ⚐ qui représente un cheval marchant au trot sur deux *roues couplées* ; et ce cheval personnifie ainsi la traction hipprômique réduite à sa plus simple expression.

On sait déjà que ces relais de trains-vélóces seront franchis d'une seule traite.

2° Le voïdreil Ouest-Sud-Est, qui, de concert avec le système à vapeur, commencera à Crozon en Bretagne, passera par Nantes ou par Ancenis, puis par Tulle, Aurillac, Mende, Dignes et Nice, qu'il desservira presque en ligne directe. Il a 1,150 kilomètres, y compris les 50 de courbes pour l'enjambement des montagnes. Ce deuxième voïdreil desservira également : 15 départements, 8 préfectures, 16 chefs-lieux d'arrondissement, et 5 grandes lignes à vapeur. Ce voïdreil a aussi 15 relais de trains omnibus et 6 relais de trains véloces, dont le manége de ceux-ci sera disposé de manière à faire 50 kilomètres à l'heure avec le Pas accéléré.

On voit, au bas de la carte, le profil qui démontre le chemin parcouru sans l'intervention des chevaux hipprômiques; ils ne travailleront donc qu'à peu près le *quart* du trajet à parcourir, c'est-à-dire seulement sur le trajet ponctué depuis le [signe] ⚐ jusqu'à la trompette ☞, et autant à tous les sommets. On voit aussi l'énorme différence qui existe entre le profil du voïdreil hipprômique, qui enjambe les montagnes en passant par les gorges, avec le tracé spécial du chemin de fer à vapeur, qui tranche *tout* pour avoir du *nivelé.*

C'est ce voïdreil Ouest-Sud-Est qui sera le plus direct pour aller de la Bretagne en Provence, en Italie, *et vice versa,* en passant par Gênes et Florence. Il en sera de même pour tous les autres voïdreils hipprômiques, sans exception.

Ainsi, par cette combinaison, les voyageurs et les colis ne seront jamais assujettis à des transvoiturages, ni même à descendre de vecgil, soit pour relayage de chevaux, soit pour manœuvre de train, ou tout autre fait administratif. Et comme il ne faudra que 5 minutes pour relayer les chevaux, les voyageurs des trains véloces pourront aller, dans des cas pressants, soit d'Espagne en Hollande, ou d'Italie en Bretagne en 24 heures, et sans descendre de vecgil.

La carte démontre aussi que tous les voïdreils sont pour ainsi dire directs; qu'ils desserviront toutes les préfectures en quatre directions, et que toutes les sous-préfectures seront dotées des bienfaits de la traction rapide et très-économique.

Le réseau hipprômique, tracé sur la carte ci-jointe, est de 19,190 kilom.; mais en comptant les rampes et les courbes d'enjambement des montagnes, il faut admettre au moins

25,000 kilom. de réseau *voîdreilaire*, y compris la ligne de Jonzac-Marennes, allant jusqu'à la pointe occidentale de l'île d'Oleron. Cette île sera supprimée, ainsi que l'île de Noirmoutier, par une large chaussée de 50 mètres, ayant chacune deux arches au milieu du goulet. (Je ferai remarquer que ces 2 goulets sont sans eau à marée basse et qu'on y passe à pied sec.)

Il est certain qu'avant la fin de ce siècle, la population française sera augmentée d'un tiers, et ses transactions industrielles et commerciales suivront naturellement la même progression en nombre et en importance; il faut donc prévoir, dès aujourd'hui, la nécessité d'avoir en France ce nombre de 37,000 kilom. de routes *voîdreilaires* pour desservir les nouveaux centres manufacturiers, houillers, agricoles ou métallurgiques qui naîtront avant l'an 1900. Et au moins, avec 48,000 kilom. de voies ferrées, nous pourrons rivaliser avec l'Amérique, l'Angleterre et la Belgique, comme on le voit par cette carte d'études élémentaires que je soumets à l'examen de tous les Français. Car, selon moi, il n'appartient pas plus à *un seul* homme qu'à *dix* de combiner, raisonner et arrêter définitivement de tels travaux d'utilité publique.

Mon devoir est donc de faire appel à toutes les intelligences de mon pays, à tous les membres des conseils généraux, aux géographes, géomètres, agents voyers, industriels, et même aux agriculteurs qui ont des connaissances en cette matière. Je les prie de bien vouloir m'adresser les modifications qu'ils jugeront nécessaires, soit pour desservir telles mines, usines, forges, ou exploitations agricoles qui se trouveraient hors des lignes du présent tracé, et qui pourraient en faire partie en détournant tels ou tels voîdreils pour les desservir, ou encore en créant de nouvelles lignes pour atteindre ces centres industriels ou agricoles.

Il est donc inutile d'en dire davantage aujourd'hui; seulement je dirai : Toutes lignes de 50 ou 100 kilom., dans des pays moyennement productifs, peuvent être facilement exploitables avec bénéfice, puisque la traction hipprômique est 8 *fois* $\frac{1}{2}$ plus économique que la locomotion à vapeur.

RÉSUMÉ.

On va sans doute se dire : « Ah! c'est toujours utile de donner le plan d'ensemble des nou-
« velles voies ferrées à établir, afin qu'on puisse indiquer des modifications s'il y a lieu;
« mais l'*essentiel* serait de *voir* fonctionner tout le système en grandeur naturelle pour
« apprécier ses avantages signalés et sa juste valeur? »

Oh! cette objection est très-logique; aussi j'ai tout disposé pour cela; on m'a même concédé un terrain vaste et clos pour faire fonctionner le premier train modèle dans des courbes de 20 mètres et sur des rampes de 25 millim. par mètre. Je suis prêt à construire ce premier spécimen hipprômique, dont voici le coût.

Devis dudit spécimen.

1 *tracteur* (1er modèle), 20,000 fr., 6 vecgils (idem), à 6,000 fr. chacun, ensemble............	56,000 fr.
2 *kilom.* de voie simple, à 30,576 fr., prix courant, et 200 mètres de coubres en 8...........	67,266 »
8 *chevaux* dressés, à 1,300 fr. pièce; leur nourriture et entretien pendant un an.............	25,160 »
2 *manéges* de dressage; plus, main-d'œuvre, atelier, outillage et écurie; ensemble............	31,145 »
Confection des gabarits; frais de bureau et entretien du directeur............................	12,000 »
Dessinateur, chef d'atelier, commis secrétaire et frais généraux.............................	29,000 »
Intérêt de la première année des 250,000 fr. engagés, à 5 p. 0/0, d'abord..................	12,500 »
Réserve pour parer aux éventualités imprévues; pièces manquées, etc......................	16,929 »
TOTAL égal à.........	250,000 fr.

Voici le devis du premier spécimen; et maintenant j'attends...... que des Français, soucieux de conserver leurs membres valides et dévoués aux intérêts généraux de leur pays, comme à leur propre intérêt-personnel, viennent dire à l'*œuvre hipprômique* :

—Quoi! vous avez besoin de 2 ou 300,000 fr. pour vous produire?..... Eh bien, les voilà! et tâchez de sortir du sol français aussi radieuse que Vénus est sortie des eaux de l'Océan!

CHAPITRE IX.

CONSIDÉRATIONS FINANCIÈRES.

POPULATION DES PETITES LIGNES. — DÉCROISSANCE DES HABITANTS DES CAMPAGNES PAR LEUR AGGLOMÉRATION DANS LES GRANDES VILLES. — PROFITS ET PERTES DES NOUVEAUX RÉSEAUX DESSERVIS PAR LA VAPEUR. — DÉCADENCE FINANCIÈRE DES VALEURS PUBLIQUES, ET MOYEN D'Y REMÉDIER. — EXPLOITATION GÉNÉRALE DES DEUX SYSTÈMES DE TRACTION.

Simple avis.

On se figure, en voyant l'accroissement des recettes de nos chemins de fer, qu'il en est de même pour les bénéfices bruts... GRAVE ERREUR! car pour la moitié des lignes du second réseau c'est le contraire qui a lieu, comme on le verra plus loin.

Du reste le *Conseiller*, du 5 novembre dernier, démontre, par l'article des recettes : « Les « chemins du Midi traversent une mauvaise période; ils éprouvent un ralentissement d'af- « faires, une faiblesse de produits. L'ancien réseau éprouve une baisse de 92,700 francs; « (13^f 87^c p. ^{o}/$_o$); et le nouveau réseau, 8 francs 90 cent. de baisse kilométrique. Les chemins « de Lyon-Méditerranée éprouvent une *perte* de 155,700 francs (10^f 60^c p. ^{o}/$_o$); et leur « nouveau réseau 58,800 francs (soit 22^f 52^c p. ^{o}/$_o$), et, malheureusement, cette baisse est à « craindre pendant tout l'hiver. »

Que serait-ce donc si la ligne de la Durance était exploitée avec le matériel roulant de la ligne principale? Car, s'il en était ainsi, cette ligne donnerait au moins 3 ou 4 millions de *perte* par année. Enfin, résumons l'article précédent par des preuves, et disons :

Avant d'établir, par le tableau suivant, les recettes brutes et les pertes réelles des seconds réseaux, il est indispensable d'indiquer l'agglomération des habitants villageois dans les centres manufacturiers en vue d'améliorer leur existence. Mais, hélas! les rigueurs de la vie maté- rielle se font tellement sentir dans les villes, qu'ils regrettent bientôt la vie paisible de leur modeste toit champêtre.

PREMIÈRE SECTION.

Population des petites lignes.

Les études commerciales qui ont précédé la construction des lignes de raccordement ont démontré que le chiffre de la population desservie par elles variait de 382 à 425,000 habi- tants; soit une moyenne de 403,000, sur un parcours moyen de 185 kilomètres.

Longueur des 5 nouvelles lignes du 4e réseau.

1° D'Arpajon à Tours par Vendôme, sous-préfecture .... 190 kilom. à construire
2° De Poitiers à Montluçon par Guéret, préfecture. .... 220 — —
3° De Montluçon à Chagny par Moulins   id.   .... 150 — —
4° D'Alais à Brioude (ligne nord-ouest) par Nîmes, préfecture................ 150 — —
5° D'Aix à Briançon (ligne de la Durance), par Gap, préfecture............... 220 km et longs détours.

La longueur moyenne de ces 4 dernières lignes est donc de 185 kilomètres.

— 65 —

Elles doivent relier les grandes lignes : de Bordeaux à celle de Paris-Lyon ; du Bourbonnais à la ligne du Midi ; et enfin la ligne de la Durance (rivière), prenant d'Avignon à Briançon, traverse trois départements, ne produisant ensemble que 26 millions 1/2 de revenu territorial, juste autant que le département de l'Oise. Or, peut-on espérer une augmentation de ce revenu, lorsque la population diminue constamment ? dont voici la preuve :

1854.		**1864.**		En moins.
Vaucluse	284,618 habitants.	Vaucluse	268,255 habitants.	16,363
Basses-Alpes	152,070 —	Basses-Alpes	146,368 —	5,702
Hautes-Alpes	132,038 —	Hautes-Alpes	125,100 —.	6,938

Allez donc maintenant vous aventurer dans de telles contrées avec une traction vaporifère qui coûte 83 cent. par train kilométrique, ou 8,000 fr. par kilom. et par année, surtout dans des pays aussi accidentés que ceux près des hautes montagnes ? Car il est dit dans l'enquête officielle, page 82 : « Les frais d'exploitation des lignes pauvres sont de 8,000 fr. par kilom... « (Et encore) non compris l'intérêt et l'amortissement du capital engagé. » (Je suis donc forcé d'accepter ce chiffre officiel.) Puis le Dr L. Véron démontre que le coût minimum du kilomètre à 2 voies est de 380,000 fr. tout compris, ou 400,000 fr. en moyenne ; mais pour être au-dessous de la vérité, nous allons prendre le minimum pour établir nos comptes d'exploitation.

PROFITS ET PERTES DES NOUVEAUX RÉSEAUX.

4e SEMAINE D'AVRIL 1864.

NOMS DES LIGNES.	LONGUEUR exploitée.	PRIX D'ÉTABLIS-SEMENT.	INTÉRÊT à 5 p. 0/0	FRAIS de TRACTION.	TOTAL des DÉPENSES.	PRODUIT par an.	BÉNÉFICE BRUT.	PERTE réelle.
			1re Catégorie, des Profits.					
	kilom.	fr.	fr.	fr.	fr.	fr.	fr.	fr.
Lyon-Méditerranée..	780	296,500,000	14,825,000	6,240,000	21,065,005	33,845,375	12,780,475	»
Est.	870	330,600,000	16,500,000	6,960,000	23,460,000	32,376,751	8,916,751	»
Bességes-Alais	33	12,540,000	624,000	264,000	891,000	1,958,433	1,067,000	»

oui, mais non compris les pertes accidentelles et l'amortissement du capital engagé.

NOMS DES LIGNES.	LONGUEUR exploitée.	PRIX D'ÉTABLIS-SEMENT.	INTÉRÊT à 5 p. 0/0	FRAIS de TRACTION.	TOTAL des DÉPENSES.	PRODUIT par an.	BÉNÉFICE BRUT.	PERTE réelle.
			2e Catégorie, des Pertes.					
Ouest	470	178,600,000	8,930,000	2,960,000	11,890,000	8,512,947	Hélas !	3,378,053
Orléans	919	358,220,000	17,911,000	7,652,000	25,563,000	13,815,000	»	11,748,000
Midi	493	203,340,000	10,167,000	3,944,000	14,111,000	4,021,000	»	10,090,000
Béziers	52	19,760,000	988,000	416,000	1,404,000	867,553	»	535,447

Si l'une de ces lignes n'a qu'une voie, le prix d'établissement et le taux de l'intérêt sont moins élevés, et la perte est moins considérable. Mais vu les nombreux accidents qui coûtent très-cher, on ne devrait jamais admettre de chemin de fer à une seule voie.

Enfin, s'il existe une telle perte sur ces quatre derniers réseaux, que serait-elle donc, si l'on s'obstinait à desservir les cinq lignes précitées avec leur petit parcours de 185 kil. en moyenne, surtout dans ces pays où le trafic sera toujours très-limité ?

À moins de transporter à très-bas prix, pour arriver au résultat de la réforme postale, qui, par son prix réduit à 20 cent. par lettre, a quintuplé ses recettes ; et par cela même, a rendu un prodigieux service au commerce, à l'industrie et à tout le monde !

Car, pour ces quatre dernières lignes du tableau, les lignes principales de l'ancien réseau ne sont-elles pas forcées de combler le déficit de leur nouveau réseau ? Et c'est précisément pour ce motif que la grande fusion financière des actions des nouveaux et des anciens réseaux doit se faire dès l'année prochaine ; et alors, quel virement !

Ainsi, on voit par ce tableau la cause qui fait diminuer la valeur des actions, et l'on n'est encore qu'au début de l'exploitation des petites lignes ! Que sera-ce donc quand elles seront toutes construites et desservies par la vapeur (si on le faisait) ? C'est alors qu'on verrait la *dégringolade* des valeurs publiques ! C'est alors qu'on sentirait la terrifiante diminution des recettes des petites lignes, qui sont obligées de partager encore leurs produits avec les canaux et une foule d'autres transports ! Pourquoi ? Parce que le chemin de fer, bien qu'affranchi de tous droits d'entrée pour ses matières premières, est écrasé par ces 5 catégories de dépenses suivantes : de traction, de l'intérêt très-élevé de son capital d'établissement, de son entretien, des accessoires de sa voie et de sa correspondance, des éventualités accidentelles, dont on ne peut jamais sonder la profondeur de cette *lèpre* des transports.

Voilà les cinq principaux fléaux du système à vapeur qui s'opposent à son succès.

TROISIÈME SECTION.
Exploitation générale d'une ligne jonctionnaire de 185 kilomètres.

Si l'on continue à marcher dans les conditions actuelles, et qu'on s'obstine à conserver le système à vapeur tel qu'il est, on n'obtiendra aucune modification importante, et les valeurs publiques diminueront encore sans aucun doute; dont voici les principaux motifs :

Service comparatif des deux locomotions.
Système à vapeur.

On a vu plus haut que la population des lignes de raccordement était de 403,000 habitants, sauf celles du Midi qui en ont moins ; mais en ajoutant les cantons voisins, on arrive au même résultat commercial. On sait également que les recettes sont toujours en raison du nombre des habitants à desservir et de l'importance de leurs produits à transporter.

Eh bien ! supposons, contre les règles de la raison, que tous les habitants *riverains* des lignes jonctionnaires soient condamnés à prendre le chemin de fer au moins une *fois* par an...

Et que tout le monde, hommes, femmes, enfants, et même les *nourrissons* à la mamelle, doivent payer place entière, à raison de 7 cent. par place kilométrique, et faire un parcours d'au moins 60 kilom. par année ; puis, supposons encore que ces petites lignes auraient moitié plus de tonnes de marchandises à transporter qu'il y a d'habitants; or, en admettant forcément ces suppositions, voici le triste résultat qu'on obtiendrait :

Compte d'exploitation.
Soit du troisième réseau à une seule voie ferrée.

La dernière réduction proposée aux Chambres pour l'établissement de ce réseau a été fixée à 277,000 fr. par kilom., tout compris; oui, sans tunnel ni viaduc. Ce prix réduit porterait néanmoins le coût de chacune de ces lignes précitées à 51,245,000 fr., dont il faudra servir un intérêt d'au moins 5 p. % de l'an.

En Amérique, les frais d'exploitation sont de 2 fr. 62 cent. en moyenne, tout compris. En France, ces frais sont de 2 fr. 64 , à cause des lignes d'un parcours moins long. Sur les cinq lignes citées page 64, ayant dix trains par jour, les frais d'exploitation seraient plus élevés, à cause du personnel administratif de lignes indépendantes.

Sur ces 5 petites lignes, chaque train ferait son trajet complet tous les jours ; car on n'aurait pas assez de trafic pour avoir 15 ou 20 trains diurnes. Or voici le résultat :

Recettes générales.

Les 403,000 voyageurs , à 0 fr. 7 c. chacun par kilom, les 60 parcourus feraient..........	1,692,600 fr.
Les 806,000 tonnes et colis, à 0 fr. 3 c. — — le même parcours id.	1,450,800 »
TOTAL des recettes annuelles..........	3,143,400 »

Ce qui fait juste, pour une ligne de 185 kilom., un produit général, y compris les colis messageries, de 16,991 fr. 35 c. par kilom. et par année. — Oh! oh! va-t-on me dire : voilà une forte recette qui permettra de donner de *gros* dividendes aux actionnaires, puisque, d'après l'enquête officielle, les frais de traction des lignes pauvres ne s'élèvent qu'à 8,000 fr. par kilom. — Eh bien, non! détrompez-vous, chers lecteurs, car voici la preuve du contraire.

Dépenses des cinq Lignes précitées

Frais d'exploitation, à 8,000 fr. par kilom., les 185 de chaque ligne................................... 1,480,000 fr.
Intérêt du *coût* d'établissement, à 277,000 fr. par kil., formant pour chaque ligne 51,245,000 fr.,
  qui, à 5 p. 0/0 d'intérêt seulement, font... 2,562,250 »

Plus, les dépenses éventuelles des accidents, des études préliminaires, etc. Mais, sans compter
  ces dépenses d'exploitation simple, on a pour..................................... TOTAL...... 4,042,250 fr.
Or, comme les recettes *problématiques* annuelles ne seront que de.......................... 3,143,400 »
La *perte* réelle sera donc énorme, puisqu'elle est et sera de .... 898,850 fr.

Donnez donc des dividendes avec de pareilles pertes, et surtout quand on a déjà 8,000 fr. de frais d'exploitation par kilom. et par année (chiffre officiel) ! Voilà] pourquoi il y a tant de pertes sur les petites lignes ; parce qu'il arrive très-souvent 'qu'on a peu de monde, et les frais sont toujours les mêmes. Or, comme on est forcé de se conformer à ces règles qui existent déjà sur les petites lignes actuellement exploitées, on a et on aura toujours pour résultat de semblables déficits.

Voyons ! vous tous, hommes de bon *sens*, croyez-vous maintenant que ces gens qui veulent des lignes spéciales desservies par la vapeur possèdent toutes leurs facultés intellectuelles ? Car voici des chiffres que je soumets à leur contrôle. Et dans ce cas, non-seulement le dividende restera éternellement dans le néant, mais il est impossible de servir 5 p. % aux actionnaires !..... Pas même *trois !* puisqu'à ce taux il ne resterait qu'un faible *actif* de 126,050 fr., qui serait absorbé par les dépenses éventuelles des nombreux accidents, dès le 3ᵉ trimestre de chaque année, et conséquemment le capital engagé ne serait jamais remboursé.

Mais alors, dira-t-on, que faire, si on ne peut desservir avec profit les petites lignes pauvres avec la vapeur ? — Eh ! parbleu, il faut un autre moteur, qui soit : 1° plus économique ; 2° plus serviable à tout le monde ; 3° plus uniforme partout dans ses frais ; 4° et enfin, plus facile à trouver dans toutes les contrées du globe.

Système hipprômique.

Nous pouvons prendre comme *base* de comparaison la recette moyenne des seconds réseaux. Celui de Lyon-Méditerranée produit 43,589 fr. 74 c. par kilom. ; le nouveau Est, 37,643 fr. 67 c., et l'Ouest, 18,085 f. 10 c. de recette kilométrique par an. Nous pourrions établir nos comptes sur ce dernier produit, comme moyenne des principaux réseaux secondaires ; car celui du Midi produit bien moins que celui de l'Ouest. Mais nous pensons qu'il est inutile de le citer. Or, à 18,000 fr. en compte rond de recette kilométrique pour chacune de ces cinq lignes, le produit brut serait dès lors de 3,330,000 fr. par an ; mais, pour nous conformer à la règle déjà employée pour le système à vapeur, nous dirons :

Dans notre service véhiculaire, les nourrissons à la mamelle ne payeront pas plus que les enfants jusqu'à 5 ans... *rien !...* Et dans ce cas, nous sommes obligés de déduire au moins le quart du nombre des personnes à transporter. Alors, au lieu de 403,000 voyageurs, c'est donc seulement 302,250 à tractionner sur un parcours de 60 kilom. par an, et moitié plus de tonnes et de colis, qui, *tous*, payeront un prix uniforme de 3 centimes en moyenne par kilom.

Recettes générales.

Les 302,250 voyageurs, à 0 fr. 3 c. chacun par kilom., les 60 parcourus, feront............ 544,020 fr.
Les 604,500 tonnes et colis, à 0 fr. 3 c. — — le même parcours, id. .... 1,088,100 »

                        TOTAL des recettes annuelles......... 1,632,120 »

Soit, pour chaque ligne de 185 kilom., un produit général de 8,822 fr. 27 c. par kilom. annuel, y compris les colis messageries, mais non le bénéfice du service postal. Voilà donc le chiffre minimum de nos recettes hipprômiques bien établi.

Dépenses d'exploitation.

Personnel : un tableau détaillé des appointements des membres administratifs de chaque ligne jonctionnaire porte la dépense annuelle dudit personnel à.. 208,200 fr.

Traction : nourriture, ferrage et harnais des 80 chevaux, à raison de 3 fr. par jour et par tête (soit 12 fr. par train et par 24 heures)..................................par année...... 87,600 »

Usé général de la voie ferrée, du matériel roulant et de son graissage; des chevaux à 8 ans de service chacun, comme aux omnibus, formant pour l'usé annuel.......................... 142,300 »

Entretien de la route restant à la charge de la Compagnie d'exploitation, à raison de 1 *cantonnier* par 4 kilom., dont chacun recevra 1,000 fr. en argent par an. Plus, son logement, pouvant servir de station ou de magasin de réserve exceptionnelle........................ 72,000 »

Frais généraux et dépenses imprévues pendant chaque année............................ 52,000 »

Intérêt à 5 p. 0/0 du coût des 9,546,650 f. du prix d'établissement, soit................... 477,332 »

(Les dépenses éventuelles des accidents n'existeront pas, comme on le verra tout à l'heure.)

Le Total général du coût d'exploitation sera donc de..................................... 1,039,432 fr.

Les Recettes *positives* des voyageurs et des marchandises étant de...................... 1,632,120 »

Le Bénéfice *net* de chaque ligne, comme dévidende, sera dès lors de .... 607,312 fr.

Quand, au contraire, si l'on voulait s'obstiner à desservir ces lignes avec le système à vapeur, il y aurait une *perte réelle* de 898,850 fr. par an! Et alors, vous voyez, chers lecteurs, qu'ici la différence est même plus que du *tout* au *tout !*

TABLEAU COMPARATIF

DU PRIX D'ENSEMBLE D'UN PARCOURS DE 185 KILOMÈTRES.

Supposons le service diurne des deux locomotions à 10 trains de 40 véhicules chacun.

Système à vapeur à 1 voie.

Ce parcours sur tracé spécial exigerait :

Pour études, indemnités et frais divers à 6,500 fr. par kilomètre courant, soit 1,202,500 fr.

Les 185 kilom., à 277,000 fr. chacun, les 185 feraient...................... 51,245,000 »

Viaduc et tunnel (estimés à 18,000 fr. par kilom.)...................... 3,330,000 »

Détail comparé.

26 *locomotives* à voyageurs, dont 4 en réserve, à 80,000 fr. chacune... 2,080,000 »

6 machines à marchandises, à 90,000 fr. l'une..................... 540,000 »

2 machines de gare, à 40,000 fr. pièce 80,000 »

110 wagons à voyageurs, dont 10 en réserve; à 11,000 fr. pièce, en moyenne 1,210,000 »

200 wagons spéciaux à marchandises (comme sur les grandes lignes). 1,000,000 »

Magasins de consigne de marchandises en dépôt; bâtiments, bureaux, ateliers, rotondes à machines, hangars à charbon ; ensemble.......... 1,172,000 »

Matériels accessoires, omnibus, camions et chevaux de correspondance, en moyenne............................ 930,000 »

Simples frais généraux par an.... 20,000 »

RÉCAPITULATION.

Études et tunnels-viaducs présumés 4,532,500 »

Voie, matériel roulant et accessoires 51,245,000 »

Total général du coût..... 55,777,500 fr.

Soit 301,500 fr. par kilom. à une seule voie et les travaux d'art pour deux, s'il est nécessaire; au lieu de 380,000 fr. par kilom. à deux voies posées.

Système hipprômique à 2 voies.

Ce parcours sur route ordinaire coûtera :

Pour études sur lesdites routes, à 30 fr. (par kilom. et sans indemnité), soit... 5,650 fr.

Les 185 kⁱⁿ. à deux voies, à 46,000 fr. chacun, les 185 feront.............. 8,510,000 »

Pas de viaduc et encore moins de tunnel, puis qu'on roulera sur les routes. » »

15 *tracteurs* (10 à voyageurs, 5 à marchandises et 2 en réserve) à 12,000 fr. pièce...................... 180,000 »

Les tracteurs ne pesant que 7,500 kil. pas de machine de gare comme inutile. » »

156 vecgils mixtes (100 à voyageurs, 50 à charbon, fer, etc., et 6 en réserve), à 4,000 fr. pièce............ 624,000 »

Les vecgils mixtes feront les deux services ; pas de magasin de consigne. » »

Pas de rotondes à machines ni de hangars à charbon. » »

Bâtiments, bureaux, ateliers, écuries et remises à voitures.......... 103,000 »

Les vecgils seront vecgils omnibus. »

80 chevaux dressés à 1,300 fr. pièce, font .... 104,000 »

Mêmes frais généraux par année.. 20,000 »

Le personnel sera le même.

Études sur route et voie ferrée... 8,515,650 fr.

Matériel roulant (sans accessoires) 1,031,000 »

Total général du coût...... 9,546,650 fr.

Soit 51,603 f. 51 c. 1/2 par kilom. à deux voies.

Il ne faudra donc que la 6e partie (= 1/10e 1/2) des dépenses absorbées par le système à vapeur.

C'est donc une économie de 84 pour °/₀ sur ce chapitre seulement ; et encore, notre système a une voie de plus que celui à vapeur. Puis, les économistes Poujard'hieu, Blythe, etc., portent le prix du kilomètre à deux voies à 330,000 fr. en pays facile ; mais le Dr L. Véron le porte à 380,000 fr., et la moyenne, à 400,000 fr. en pays accidentés. C'est donc sur ce chiffre qu'il faut se baser plutôt que sur le premier, puisqu'il est reconnu que toutes les lignes à construire se trouvent précisément en pays accidentés.

TROISIÈME SECTION.

Répartition des bénéfices et prix des places.

Les 607,312 fr. des bénéfices nets, restant en caisse de chaque ligne hipprômique, seront ainsi répartis :

1° 100,000 fr. à verser tous les ans dans la caisse de réserve pour l'amortissement du capital de construction de chaque ligne, qui sera remboursé par tirage en 84 ans ; mais, comme on pourra facilement verser 200,000 fr. par an, le capital sera donc remboursé en 42 ans ;

2° 10 p. °/₀ ou 50,000 fr. aux souscripteurs qui auront fourni les fonds des 250,000 fr. servant à construire le spécimen ; ce qui leur fera un dividende de 20 p. °/₀ provenant de la première ligne ; autant pour la deuxième, et ensuite 1 p. °/₀ sur le bénéfice des autres lignes ;

3° 50 p. °/₀ du restant en caisse, ou 238,666 fr. à servir aux actionnaires de chaque ligne jonctionnaire. Prime qui, jointe au 5 p. °/₀ de l'intérêt, fera (*au minimum*) 7 ¹/₂ de revenu, et constituera le dividende des 9 millions et demi engagés.

4° Enfin 50 p. °/₀ ou 218,646 fr. des bénéfices nets de chaque ligne, servant d'abord à payer les droits de propriété, puis à pourvoir aux dépenses de travaux éventuels à faire dans les villages, qu'on ne pourra tourner pour cause majeure.

Ces travaux d'art extraordinaires auront pour but la reconstruction de maisons qui se trouveraient en avancement sur la route et gêneraient la circulation rapide des trains hipprômiques et des voitures particulières de chaque localité. Ainsi, dix ans après l'inauguration de chaque ligne, le premier million souscrit sera remboursé et les *actions* seront remplacées par des titres de jouissance qui rapporteront au moins 7 ¹/₂ p. °/₀ de l'an ; soit 5 p. °/₀ d'intérêt et 2 ¹/₂ de dividende. Si bien qu'après la 42ᵉ année, les 200,000 fr. formant les fonds de remboursement seront ajoutés au revenu de jouissance et l'augmentera d'autant pendant toute la durée de la concession de chaque ligne (soit de 99 ans ou plus).

Il est donc notoirement établi que les fonds du spécimen recevront au moins 50 p. °/₀ sitôt les sept premières lignes construites ; et que le capital social de chaque ligne recevra, dès la 2ᵉ année d'exploitation, environ 7 ¹/₂ pour °/₀ de l'an.

Voilà l'exposé très-succinct de l'exploitation générale du chemin de fer hipprômique ; exposé qui démontre les avantages de notre système ; et cela, sans compter sur l'augmentation des transports, qui certainement arrivera, surtout avec des prix aussi réduits.

Prix comparatif des transports.

Pour bien juger du progrès véhiculaire en France, il faut se reporter aux services des transports sur route à la plus grande vitesse, comme les suivants :

Malles-poste.

Elles parcouraient 16 kilomètres à l'heure, et faisaient payer 1 fr. 20 c. par place kilométrique, sans distinction de personne ou de colis de marchandises.

Diligences.

Parcourant... 12 kilom. à l'heure et prenant 85 c. par place kilométrique, soit intérieur ou banquettes ; les marchandises payaient 1 f. 20 c. par tonne.

Mais les grandes maisons de commerce ne payaient que 80 c. par tonne kilométrique.

Chemin de fer à vapeur.

Parcours moyen : 35 kilomètres à l'heure; prix : 40 c. par tonne kilométrique (y compris l'impôt).
Denrées : 28 c.; *légumes* : 18 c. par tonne kilométrique (et qui devrait être à la grande vitesse).
Voyageurs : 1re classe, 14 c. 20/000es; 2e classe, 8 c. 40/000es; 3e classe, 6 c. 46/000es par place kilométrique.

Chemin de fer hipprômique.

Parcours moyen : 32 kilomètres à l'heure; prix : 4 c. par tonne kilométrique (y compris l'impôt).
Denrées et légumes : 2e catégorie de colis..... 3 c.   —   —   (sans impôt).
1 c. de plus pour la grande vitesse, de 35 à 40 kilom. à l'heure; mais les objets seront transportés sans
    ballottement par des vecgils spéciaux pour les colis fragiles.
Voyageurs et messageries : 1re classe, 4 c. par place kilométrique (ou par petit colis fragile).
    —   —   2e classe, 2 c.   —   —   (ou par colis non fragile).
    La 3e classe, étant une espèce de stupidité féodale, sera supprimée.

On comprend dès lors pourquoi j'ai mis, dans le compte d'exploitation, le prix *uniforme*
de 3 centimes par kilomètre parcouru, qui est le prix moyen des places; mais il y aura, surtout la semaine, beaucoup plus de 1res que de 2es à recevoir.

On pourra donc s'étendre, sans crainte, dans la multiplicité des kilomètres à construire,
avec une traction si peu coûteuse, si commode à manier, et si facilement trouvable à profusion
dans toutes les contrées continentales du globe.

Puis on verra, par la démonstration du premier spécimen dans un terrain privé, que
le chemin de fer hipprômique sera organisé de telle manière que les voyageurs recevront un
billet de circulation, sur les nouvelles lignes, dont voici le texte :

DÉSIGNATION.	CHEMIN DE FER HIPPRÔMIQUE.	PRIX DES PLACES.
VOIDREIL FRANÇAIS *Ligne de.........*	**BULLETIN DE PLACE** AVEC GARANTIE DE LA VIE DES VOYAGEURS POUR CHAQUE TRAJET,	Première Classe 4 cent. Deuxième Classe 2 cent. par place et par kilomètre parcouru.

Existe-t-il sur terre une seule Compagnie qui oserait donner un semblable bulletin à ses
voyageurs sans se faire rire au nez ?... Assurément non! Car le chemin de fer à vapeur,
encore dans l'enfance, n'est nullement organisé pour cela...

L'authenticité de ce bulletin de place sera publiquement établie par *vingt démonstrations
successives* qui seront exécutées en champ clos, où fonctionnera le premier spécimen complet
du chemin de fer hipprômique; sans quoi, le public ne croirait pas à l'autorité de ce bulletin,
et il aurait parfaitement raison... Mais lorsqu'il verra manœuvrer le train modèle pendant
vingt jours, il sera bien forcé de croire ce qu'il verra de ses yeux.

Or, pour obtenir un tel résultat, qu'a-t-il fallu produire? Huit appareils nouveaux, qui eux-
mêmes ont été déjà modifiés et refondus trois fois pour être parfaits; et les deux rapports
suivants vont vous démontrer brièvement les appareils qui n'ont pas été décrits dans les
chapitres précédents, ou du moins ces deux rapports vont compléter la description trop
abrégée des nouveaux appareils de l'œuvre hipprômique déjà mentionnés.

CHAPITRE X.

Les auteurs des rapports suivants, ne connaissant pas encore l'origine du mot *reille*, *reil*
et *rail*, ont suivi l'orthographe anglaise, et que nous maintiendrons dans le texte de ces rapports ; car si on écrit *rail*, on peut toujours prononcer *rèle*, comme font tous les employés
lettrés du chemin de fer à vapeur.

Extrait du journal LA CÉLÉBRITÉ, du 27 mars 1864.

Approbation de l'Institut polytechnique.

Rapport de M. GALLAUD, Ingénieur civil.

La construction des réseaux secondaires est certainement une question d'une grande importance pour l'avenir du pays et des chemins de fer en particulier. L'enquête officielle de 1863
établit que ces réseaux, construits et exploités dans les conditions actuelles, seraient une
charge qui conduirait les Compagnies à leur *ruine* ; et comme c'est le faible trafic probable
qui rendrait les lignes insuffisamment productives, il n'y a pas à songer aux subventions ni
aux garanties d'un minimum d'intérêt par l'État. Et pourtant, l'établissement de ces réseaux
est intimement lié à la prospérité des localités à desservir, et surtout à l'accroissement du revenu des grandes artères qui seraient alimentées par les réseaux secondaires ; et pour ces
deux causes majeures, il faut donc les construire.

Les 10,000 kilom. de ces réseaux secondaires peuvent se diviser en deux grandes catégories, qui prendraient le nom de 3e et 4e réseaux. L'importance du trafic sur le 3e réseau lé-
gitimerait des dépenses qui ne pourraient se faire pour le 4e. La question est donc grave !
et plus d'un esprit sérieux a dû s'en préoccuper ; et maintenant, elle paraît suffisamment étu-
diée pour proposer une solution.

Nous n'avons pas ici à citer le système américain ; il nous paraît jugé et condamné. Nous
rappellerons seulement les critiques connues : les rails à ornière, placés sur la chaussée, exigent un entretien très-dispendieux, à cause des voitures particulières qui traversent obliquement la voie ; puis, l'ornière de ce rail est constamment remplie de boue ou de graviers
qui augmentent la résistance de traction.

D'un autre côté, les chevaux ne peuvent faire un long trajet sans s'arrêter, et ne peuvent
transporter qu'une faible charge avec la vitesse de 10 à 12 kilom. à l'heure.
(1).

Le système de M. Dorso ne présente aucun de ces inconvénients, et son établissement serait
très-économique. Ainsi, ce système, que l'inventeur appelle hipprômique, repose sur
l'emploi de chevaux dans la voiture spéciale, placée en tête du train.

Dans la marche ordinaire, les chevaux se meuvent au pas sur un plancher à lames sans fin
qui circulent sous leurs pieds, et ce plancher mobile communique sa force, reçue des chevaux,
aux roues motrices de ladite voiture-manége. Dans ces conditions, l'emploi des chevaux nécessite un dressage spécial. La vitesse des trains avec 4 chevaux sera de 20 à 28 kilom. à

---

(1) L'auteur de ce rapport cite ici un système d'emploi de locomotive sur route ordinaire ; mais, vu les impossibilités citées pages 36 et 37 ; vu aussi les nombreux refus administratifs sur l'emploi de combustible sur
routes, nous n'en parlerons pas, et nous passons de suite à la description de notre système.

l'heure, et leurs poids moyen de 40 tonnes ; soit 15 tonnes de poids mort, et 25 tonnes de poids utile. Les 4 chevaux sont placés dans le *wagon directeur*, deux par deux, et agissent sur leur plancher mobile comme sur le sol. Lorsqu'il s'agit de lancer le train, on met d'abord les 4 chevaux en marche; puis, par un premier embrayage, le machiniste donne le mouvement à deux volants; et ensuite, par un 2e embrayage, il fait mouvoir les roues motrices et le train démarre promptement. C'est ce que M. Dorso appelle *lancement progressif*; il évite ainsi les coups de collier très-énergiques qui seraient nécessaires à chaque départ, et sitôt le convoi lancé, les chevaux n'ont plus qu'à entretenir la marche du train. L'avant de la machine motrice est disposé en *proue* de navire, de manière à écarter et non heurter les objets qui pourraient se présenter. Les chevaux n'ont devant eux qu'une balustrade à hauteur d'appui, et ne peut nullement gêner leur vue. Le machiniste est placé devant cette balustrade et tourne le dos aux chevaux.

Il peut faire toutes les manœuvres de transmission avec les leviers (déjà décrits). Chaque lame du plancher mobile est en fonte malléable ; elle est creuse comme un demi-tube, et est remplie de bois qu'on pourra renouveler à volonté. Ces lames sont reliées entre elles par des assemblages dits nœuds de compas; leurs galets roulent sur 2 plates-bandes inclinées à 0^m08^c, et ensuite sur deux tambours poligonaux qui donnent au plancher ce mouvement circulatif.

Grâce à cette combinaison, qui n'a été adoptée par l'inventeur qu'après de nombreuses expériences, le poids des chevaux concourt au mouvement du plancher circulatif; et les leviers de transmission, placés sous la main du machiniste, permettent de rendre la marche dudit plancher indépendante de celle du train. Voici le parti qu'on tire de cette disposition :

Dans les pentes, la vitesse acquise suffit pour entretenir la marche du train ; les chevaux peuvent se reposer à leur aise, afin qu'à leur remise en marche, au commencement de la rampe suivante, ils soient plus dispos et plus en état de donner un coup de collier s'il est nécessaire. Deux larges sangles, placées sous le ventre des chevaux, empêchent dans tous les cas leur chute, qui pourrait entraver la marche du train. Les *gravireils* placés à la jante des roues motrices sont destinés à donner l'adhérence nécessaire pour gravir les rampes. Cet appareil et très-ingénieux, et mérite déjà, à lui seul, un sérieux examen. Il y a peut-être là une solution de la question des freins. Les véhicules seraient aussi légers que possible, et les wagons avec impériale pourraient contenir 50 personnes. Leurs roues seraient disposées de manière à pouvoir rouler à volonté sur rails et sur routes ordinaires. Le rail serait à simple champignon, et pèserait environ 21 kilogr. le mètre courant; il est sans éclisses *apparentes* pour le raccordement des bouts, qui ne doivent avoir aucune espèce de disjonction, pour ne pas contrarier le service des gravi-rails. Le matériel de la voie serait réduit à sa plus simple expression. La recette se ferait comme pour les omnibus, ce qui diminuerait beaucoup le personnel d'exploitation, et les frais de traction n'atteindraient pas la 10e partie des frais de celle à vapeur.

Nous avons vu le modèle en petit de ce chemin, qui va être essayé en grand dans un terrain privé, et nous croyons au succès. Toutes les parties ont été étudiées avec soin par l'inventeur, qui seul les a exécutées; on s'étonne même qu'un seul homme ait tant fait. Mais, du jour où M. Dorso a conçu cette idée utile, il a marché hardiment à son accomplissement; il y a consacré toute son intelligence, son temps et son argent. Aussi, après 15 ans de travail, il présente aujourd'hui un projet complet; non-seulement la machine motrice avec les détails du mécanisme, mais tout le matériel roulant et la voie ferrée ; puis tout un mode d'administration, et le service comparatif des trains et des gares avec les systèmes actuels, etc.

De tels hommes sont rares, et méritent les éloges et les encouragements de tous.

En admettant que les plans et les modèles de M. Dorso soient appelés à recevoir quelques modifications à l'exécution, pour les appliquer aux matériels des grandes lignes, il n'en aura pas moins le mérite d'avoir imaginé un nouveau système de locomotion qui présente, dès ce jour, un moyen d'exécution pour le 4e réseau.

CH. GALLAUD.

Ingénieur civil, à l'Institut polytechnique.

Société des Sciences industrielles, Arts et Belles-Lettres de Paris,

Siégeant à l'Hôtel de Ville.

RAPPORT de la Commission nommée pour examiner le système de Locomotion par traction chevaline, inventé par M. Dorso. — Rapporteur, M. D'AUBREVILLE.

MESSIEURS,

Ayant été nommé membre de la Commission chargée d'examiner le susdit système de locomotion, mes collègues m'ont prié d'en faire le rapport, comme m'étant spécialement occupé de chemins de fer, où j'ai été ingénieur du matériel (chemin de Strasbourg à Bâle).

Je dois d'abord demander votre indulgence pour l'insuffisance de ce rapport ; car il m'eût fallu beaucoup plus de temps pour mieux étudier les diverses questions sur lesquelles s'est exercé l'esprit inventif de l'inventeur de ce système.

M. Dorso a fait un travail considérable, auquel il a dû consacrer beaucoup de temps, parce qu'il lui a fallu étudier en même temps, avec soin et persévérance, les systèmes actuels dont il signale tous les défauts. Les moyens qu'il propose pour y remédier sont très-ingénieux, parfaitement raisonnés, et je puis même ajouter que je les crois, pour la plupart, d'une application pratique.

Les huit vices principaux qu'il indique, comme étant cause des accidents, sont :

1° Les *rencontres* de trains, provenant de l'impuissance des freins.

2° Les *déraillements*, parce qu'on n'a *rien* pour les empêcher, ni pour les prévenir.

3° Les *retards*, causés par le manque d'adhérence des roues motrices.

4° Les *rotations* rigides des roues calées sur leur essieu (cause de déraillement dans les courbes).

5° Les *objets* rencontrés sur la voie (que les chasse-pierres ne jettent pas toujours de côté).

6° Les *ruptures* subites d'essieux de machines ou de wagons, qui sont très-fréquentes.

7° Les *ruptures* de rails entre les coussinets, qui produisent un accident forcé.

8° Enfin les *aiguilles* de changement de voie, l'une des plus dangereuses causes des funestes événements signalés.

Cette nomenclature, commentée par M. Dorso, indique déjà un homme versé dans l'art des chemins de fer comme un praticien du métier ; et les remèdes qu'il apporte pour obvier à ces inconvénients sont : (*déjà décrits au chapitre IV*). Il a en outre un système de roue indépendante, avec un essieu tournant à pivot qui s'emboîte dans le moyeu, et dont l'usé est réglé par un écrou particulier au système. Le moyeu est pourvu de quatre coussinets mobiles qui serrent le collet de l'essieu, près du palier. Par ce moyen, les roues tournent dans les courbes à la demande de leur ouverture et avec une rotation différente de celle de l'essieu, également tournant.

Les roues de la machine motrice du système hipprômique ont des boudins continus, mais les roues des wagons sont pourvues d'une série de *lardons* qui traversent le cercle plat en fer de la roue ; on fait sortir ces lardons de la jante pour rouler sur les rails ; ils sont maintenus dans cette position par une crémaillère circulaire placée dans la jante, et quand on veut rouler sur le sol on tourne, en deux tours de clef, la crémaillère et les lardons disparaissent dans la jante en roulant par le poids du wagon. Ces lardons ne fonctionnent que *deux* fois par jour, et souvent qu'une fois.

Son avant-train articulé est d'une combinaison entièrement nouvelle ; il permet au machiniste de changer de voie sans le secours d'aucun aiguilleur, puisque la moindre inattention de celui-ci peut causer les plus graves accidents.

Le bout d'avant de la machine, disposé en proue, est pourvu d'un chasse-obstacles qui, par sa double courbure, prend et jette hors la voie, tout corps étranger rencontré, soit avec son tablier nettoie-rails, en temps de neige, ou avec son tampon du centre qui, par son élasticité horizontale, comme le tablier, jette au loin les gros objets, tels que bœufs, charrettes, etc., et le tablier ramassera les débris pour les rejeter hors de la voie.

Son attelage élastique, à timon embrayant, a pour double mission : d'empêcher les ruptures d'attelages ordinaires, qui sont très-fréquentes ; de refrêner les vacillements des véhicules, et d'atténuer, de moitié au moins, les ballottements des wagons. Le bon résultat de ces moyens proposés me paraît d'une évidence incontestable ; mais étant de nature à changer radicalement une foule d'habitudes, ces moyens ont besoin d'être sanctionnés par l'expérience en grand, ce qui devra se faire, avant d'être généralement admis sur les grandes lignes ferrées.

Les véhicules de M. Dorso pouvant gravir les rampes de 30 $^m/_m$ par mètre, et tourner dans des courbes de 20 mètres de rayon, on peut donc établir son système de traction sur les bas-côtés des routes ordinaires sans changer leur disposition. L'inventeur démontre, dans un Mémoire très-bien rédigé, que l'établissement des grandes lignes ferrées a presque épuisé nos forêts pour les fournitures de traverses. Le prix du bois de construction a subi une augmentation de 50 à 70 p. $^0/_0$, pour le chêne d'échantillon, depuis trente ans. A quel prix sera-t-il donc dans cinq ou six ans, lorsqu'il faudra renouveler la presque totalité des traverses de nos grandes artères ferrées ?

La traction à vapeur entraîne, *comme on le sait déjà*, une consommation énorme de houille, qui manquera tout à fait dans un temps peu éloigné ; et chacun peut déjà pressentir que l'épuisement de nos mines nous conduira à une catastrophe épouvantable !

Le système de traction proposé a pour mission : d'empêcher les accidents ; de réduire des $^3/_4$ les frais d'établissement, de traction et d'entretien ; et de retarder de plusieurs siècles le manque total, par épuisement, du charbon de terre.

De plus, il offre aux voyageurs une sécurité complète, que M. Dorso garantira.

Il a construit lui-même un modèle au dixième de sa machine hippromique, parfaitement exécuté, et qu'il a fait fonctionner devant les membres de votre Commission. Nous avons tous examiné minutieusement les détails de ce moteur d'un nouveau genre, et nous avons décidé qu'il faut encourager une œuvre aussi sérieuse, présentée par un homme compétent, qui a passé quinze ans de sa vie à étudier cette question.

Que l'on fasse donc en sorte qu'il puisse construire en grand son chemin de fer hippromique, qui est appelé à rendre de très-grands services à tout le monde, mais encore plus aux Compagnies des grandes artères, en épargnant des pertes très-sensibles qu'elles feraient si elles étaient obligées de desservir les nouvelles petites lignes.

(Ici est la place de la description de la machine motrice qu'on a déjà vue plus haut.)

D'un autre côté, les deux volants du manége constituent toute une rénovation du mécanisme locomotif : car, en faisant travailler les chevaux 30 secondes avant le départ du train, on a, par cette mise en mouvement préalable du manége, un véritable lancement progessif pour chaque démarrage et que les locomotives devraient bien avoir ; par la raison qu'il est reconnu, par des expériences dynamométriques que, pour lancer un train de 18 wagons, machine et tender, il faut une locomotive de la force de 30 chevaux-vapeur, tandis que 6 suffisent pour entretenir la marche régulière du train.

Enfin, Messieurs, à tous ces faits votre rapporteur peut ajouter son témoignage personnel : il a traversé le fleuve Hudson, des États-Unis, près de Troy, ville située entre le 44e et le 45e degré de latitude nord. Le passage sur ce fleuve se faisait encore, en 1833, au moyen de bacs propulsés pas des chevaux (appelés horse-ferryboats).

Ces bacs étaient pourvus de roues à palettes comme les vapeurs ; mais, au lieu de machines, les roues étaient mues par une grande plaque tournante, située sous le pont, et les chevaux, placés de vire-face à tribord et bâbord, piétinaient sur cette plaque, qui, armée d'alluchons verticaux s'engrénant avec la lanterne de l'arbre des roues à palettes, les faisait tourner avec une vitesse d'environ 60 tours par minute.

Ces grands bacs contenaient quelquefois plus de 100 passagers avec des bestiaux, des charrettes, etc., et avaient à vaincre une résistance constante produite obliquement par le courant du fleuve. Ces bacs ont existé en Amérique pendant bien des années, et n'ont disparu qu'après l'institution des chemins de fer.

Ce fait à lui seul suffirait pour prouver l'efficacité du système hipprômique proposé par M. Dorso. Car, avec son *tracteur*, le machiniste règle la marche du train, change de voie à sa volonté, et peut arrêter son convoi dans un très-court trajet, en faisant agir tous les freins en même temps. Puis, un cadran manomètre à 2 aiguilles, dont l'une, a, indique le mouvement cheminant du plancher mobile, et l'autre, e, marque le mouvement rotatif du manége à deux volants. Ce cadran, placé sous les yeux du machiniste, lui indique l'instant de coordonner, par embrayage, la reprise du travail des chevaux ; car, sans cette précaution, ils auraient les quatre pieds rompus dès la 2ᵉ transmission de leur force commençante avec la vélocité déjà acquise du manége.

Enfin, pour compléter son système de traction hipprômique, M. Dorso présente un mécanisme qui, fait comme une roue motrice à gravi-rails, et qu'il nomme propulse, sert aux hommes d'équipe pour propulser les tracteurs isolés et composer les trains dans les gares, sans avoir besoin ni de chevaux ni de machines dites de gare.

CONCLUSION.

Ce rapport, Messieurs, n'est que l'énumération *raccourcie* des *inventions* de M. Dorso, qui comprennent dans leur ensemble un système complet de chemin de fer à traction chevaline sur rails et sur sol ; et qu'on peut établir en toute sécurité sur les routes ordinaires, parce qu'elle offre des avantages extraordinaires sur le système en usage, tant pour les ressources de notre agriculture que pour le transport des personnes ; d'abord, par l'économie qui est considérable, puis, parce que le système est disposé de manière à prévenir tous les accidents.

Ce serait même un bien-être pour les chemins de fer en usage et pour la sécurité publique, que les appareils particuliers de l'invention hipprômique soient appliqués au matériel roulant déjà en usage. Et sitôt la première expérience, nous ne doutons pas que les grandes Compagnies fassent étudier ces appareils, en vue d'en faire l'application à leur matériel des grandes artères ferrées. Enfin, par cette *œuvre* hors ligne, nos routes départementales seront réutilisées, et l'on ne sera plus forcé d'exécuter ces travaux *gigantesques* qui absorbent de si grands capitaux, et sont cause que bien des villes situées dans des contrées peu fertiles sont privées des avantages que procurent les communications rapides.

Votre Commission, Messieurs, donne son entière approbation aux travaux de M. Dorso ; car il est rare qu'un homme amène à maturité, avec une telle persévérance, une idée aussi *complexe* et surtout aussi *ardue*. Quand tant d'autres se sont occupés avant lui sans succès, non de l'ensemble, mais des diverses parties de ce grand problème, qui intéresse le monde entier !

Nous pensons que la Société des sciences industrielles ne saurait donner trop d'encouragement à de tels hommes, qui consacrent leur vie entière à une œuvre de progrès, de bien-être social et de civilisation.

En conséquence, nous vous proposons de décerner à M. Dorso la plus haute récompense que la Société puisse accorder.

Le Rapporteur, L. D'Aubreville, ingénieur civil (vice-président de la Société).
P. Lemaire, architecte (Membre et lauréat de Sociétés savantes).
T. Calard, ingénieur manufacturier et médaillé aux expositions.
Ch. Fournier, trésorier (inventeur médaillé pour compteur à gaz).
Aᵗᵉ Loret, constructeur d'appareils électriques.

DÉLIBÉRATION DU COMITÉ

Vu la lecture du présent Rapport de la Commission nommée par nous, faite en séance le 8 mai 1863, et la démonstration faite par **M. Dorso**, de la Machine au 10° de son chemin de fer hippomique.

Vu la discussion consciencieuse qui out lieu sur son système par tous les Sociétaires présents et la délibération des Membres du bureau.

Le Président, après avoir mis la récompense aux voix, et avoir reconnu la majorité absolue (des 4/5°), a proclamé que la Société des Sciences industrielles, Arts et Belles-Lettres, de Paris, décerne à **M. Dorso** une Médaille d'or.

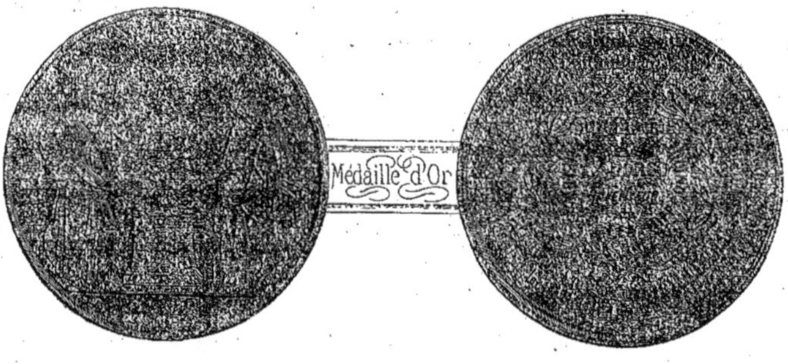

Paris, le 9 mai 1863.

Le Secrétaire perpétuel de ladite Société,
Le Dr B. LUNEL.

BIEN-ÊTRE GÉNÉRAL

Édifié par l'application du Chemin de fer hipprômique.

Les tableaux arithmétiques, les rapports et le plan démonstratif du tracteur, ont prouvé suffisamment, je pense, les avantages de force et de vitesse qu'on peut tirer de l'emploi des chevaux, utilisés comme *propulseurs* dans ledit tracteur.

Il serait même impossible d'évaluer aujourd'hui les avantages de l'application en grand d'une traction si économique et si facile à alimenter sans aucun transport accessoire, puisqu'on aura ces aliments partout à chaque relais.

Ce quadruple avantage se divise en quatre catégories, savoir : pour l'État, l'agriculture, l'industrie et le commerce ; puis, les arts et la littérature profiteront également des mêmes avantages de communications rapides et à prix réduits. Or, ces avantages sont les suivants :

1re CATÉGORIE DE SERVICES (à rendre).

1° **A l'État**, en le débarrassant des dépenses considérables qu'il fait pour entretenir les grandes routes qui ne servent qu'aux charrois des localités, et à quelques voitures des commis du commerce d'échantillon ; puisque l'entreprise hipprômique va niveler et entretenir à ses frais toutes les routes sur lesquelles rouleront ses trains, et conséquemment dégrèvera d'autant les dépenses du budget.

2° **A l'Embellissement** de nos cantons, par de nouvelles constructions de maisons, d'édifices publics, de routes ornées d'arbustes et de fleurs sur leurs haies séparatives ; puis, par le nivellement et le *redressement* desdites routes, pour raccourcir autant que possible les trajets véhiculaires de notre traction hipprômique.

2e CATÉGORIE DE SERVICES (à rendre).

3° **A l'Agriculture** (première source alimentaire de l'Etat), en lui demandant les fournitures de 40,000 chevaux pour les lignes jonctionnaires, et 80,000 autres chevaux pour les grandes lignes hipprômiques ; lesquels consommeront : 120,000 bottes de foin, autant de paille, et 2 millions 160,000 litres d'avoine par *jour !* Puis, ces 120,000 chevaux fourniront à leur tour 190,530 barriques d'engrais hippique par *année* à notre agriculture ! engrais qui est le plus puissant *végétatif* connu.

4° **A l'Industrie**, en demandant : 100,000 kilomètres de reils aux grandes Forges, 170,000 veegils *mixtes* aux charrons, tapissiers et carrossiers, 10,000 *tracteurs* aux mécaniciens, les chevaux aux maquignons et le fourrage aux cultivateurs.

Puis, la traction hipprômique protégera la fragilité des objets et des denrées ; ira prendre jusque dans les usines les produits nationaux pour les transporter directement à prix réduits dans les ports ou dans les villes manufacturières, et procurera ainsi de rapides débouchés pour l'écoulement des produits et des matières premières. Puis encore, nos voidreils hpiprômiques, n'ayant pas un seul morceau de *bois* sur tout leur parcours, laisseront ce végétal aux ébénistes, menuisiers, charpentiers, etc., pour établir leurs constructions dans les meilleures conditions possibles.

3e CATÉGORIE.

5° **Au commerce**, en triplant les transactions commerciales du pays : d'abord, des métaux, des articles de voyage, et de la main-d'œuvre à l'intérieur ; puis, des véhicules hipprômiques construits chez nous, et exportés dans tous les autres pays qui n'en auront pas encore ; et enfin, ces nouveaux débouchés qui créeront de nouvelles branches de commerce, par la facilité des transports à prix réduits ; et de nouveaux écoulements d'objets fabriqués chez nous, qui seront exportés dans d'autres pays, ne pouvant se les donner eux-mêmes de longtemps, et, par cela même, ne pourront rivaliser avec notre commerce national.

6° **Aux finances**, des chemins de fer d'abord; car étant débarrassés de ces petites lignes qui leur font éprouver des pertes considérables, leurs capitaux seront préservés de ces espèces de *parasites* et deviendront beaucoup plus fructueux.

Puis, aux capitaux privés, en leur procurant des placements solides, qui seront assurés d'avoir un intérêt de 5 pour cent de l'an au minimum; plus, les dividendes proportionnés.

4ᵉ CATÉGORIE DE SERVICES (à rendre).

7° Aux voyageurs, en les transportant rapidement à bas prix, et sans longs détours; puis en les délivrant de cette appréhension des accidents auxquels ils sont constamment exposés sur les chemins de fer actuels, qui, dès qu'ils seront réorganisés, pourront donner, comme on donnera dans le système hipprômique, un bulletin de place avec garantie de la vie des voyageurs sur toutes les voies ferrées; garantie qui sera *prouvée* par le fonctionnement de notre premier spécimen.

8° Au pays tout entier, en ramifiant sur toutes les directions de la France les bienfaits des communications rapides ; en transportant *directement* les habitants de telle province à telle autre, ou de telle contrée à telle nation étrangère, pour l'écoulement général des produits nationaux; puis en desservant directement les 88 préfectures entre elles pour activer le mouvement industriel et commercial dans ces villes, par des *milliers* de trains hipprômiques qui non-seulement feront le service postal des lettres, mais établiront une vaste poste aux colis messageries et d'échantillons, si utile au commerce et à l'industrie de notre pays.

Est-ce assez de services signalés, que notre traction hipprômique pourra rendre à toutes les professions, comme à toutes les branches de commerce? Eh bien, non! ce n'est pas tout ! car vous verrez encore d'autres services qu'elle rendra à tout le monde. Services hors ligne que je ne puis énumérer ici, à cause de la loi du timbre et de la presse, qui nous empêche de traiter les questions d'économie sociale. Mais vous verrez ces services supplémentaires par l'exploitation de la première ligne hipprômique.

Commentaires.

L'intérêt du pays, de la réputation nationale et de tous les Français honnêtes m'impose le devoir de révéler les motifs d'ajournement de la mise à exécution de notre système; car bien des personnes vont sans doute se dire : « Mais comment se fait-il que ce chemin de fer, *breveté* dès 1855, ne soit pas encore construit ou du moins expérimenté? »

Eh bien ! voici le pourquoi :

On a vu, au chapitre VII, la *force* et la *vitesse* du *moteur* qui nous permet de transporter 37 tonnes de poids utile en marchandises par train, ou 370 voyageurs sans bagages les jours fériés à la vitesse de 28 à 32 kilomètres à l'heure. Ce *calcul mathématique*, par le diamètre des roues du manége, aurait dû *sauter* à la vue des *faux raisonneurs*, que nous avons en trop grand nombre dans notre pays... Car ils pouvaient l'établir mieux que moi, puisqu'ils ont été plus longtemps à l'école...

Eh bien, malgré ces documents qu'ils ont constamment sous les yeux, ces sceptiques ont émis, dans des réunions, des avis burlesques, qui se dressent aujourd'hui comme des fantômes accusateurs de leur ineptie... Et ces faits vont divulguer leurs sottises, qui tournent déjà au détriment de leur réputation de prétendus savants.

Faits et gestes des sceptiques.

Une de ces réunions eut lieu dans un vaste local renfermant une douzaine de personnes; mais il existait aussi, dans l'embrasure d'une croisée, un homme qui, attentif comme un chien d'arrêt, écoutait et recueillit, à l'instar des sténographes, les paroles de ces *raisonneurs*; car cet homme, indigné des discours prononcés, me rapporta les phrases sans perdre un seul mot.

L'exposé du système est d'abord énoncé par une dame très-gracieuse, qui dit :

« Quoi! Messieurs, avez-vous entendu parler de ce nouveau moteur destiné à rouler sur
« des rails spéciaux placés sur les bas-côtés des routes ordinaires, dont la force motrice
« est produite par 4 forts chevaux qui, en piétinant sur le plancher mobile du moteur à
« manége, transmettent leur force aux roues motrices de cette voiture, qui, semblable à une
« locomotive, emportera les chevaux moteurs à 6, 7 ou 9 lieues à l'heure, suivant l'allure des
« chevaux et le nombre des wagons du train? Et la combinaison de ce moteur utilise, non-
« seulement la force du collier, mais encore le propre poids des chevaux, qui augmentera la
« force motrice; si bien, qu'avec ce tout réuni, les 4 chevaux remorqueront jusqu'à 300 voya-
« geurs et leurs bagages.

« Oh! mais, voilà quelque chose qui me paraît bien extraordinaire! car on assure, en outre,
« que cette nouvelle locomotion sera exempte de tous ces accidents qui surgissent si fréquem-
« ment sur nos chemins de fer en usage actuellement.

« Voyons, Messieurs, croyez-vous que l'inventeur aura assez de force, avec ses 4 chevaux
« dans la voiture-manége, pour remorquer tant de monde dans un seul train? »

(De suite un sceptique au teint blême lève le bras droit et répond avec emphase :)

« Oh! bien sûr que non!... Car comment pourrait-il remorquer 300 voyageurs avec 4 che-
« vaux animés, quand toutes les locomotives ont une force effective de 30? Son principe de
« locomotion est donc contre les *règles* de la nature, contre les données de la statique, et
« contre l'ordre des éléments qui régissent les *lois* physiques du mouvement universel des
« *nuages*, et de tous les mondes planétaires! (Amen.)

(Puis un autre *contredisant* ajoute avec volubilité et de fortes inflexions de voix :)

« C'est impossible!.. Et d'ailleurs, j'ai vu ses plans (de 1858), et j'ai jugé du premier coup
« d'œil que, pour remorquer un train de 300 voyageurs à la vitesse de 30 kilomètres à l'heure,
« il lui faudrait au moins une force de 180 kilogrammes! Et tout calcul fait (*d'un coup d'œil*),
« il n'en aura même pas 30 sur la manivelle circulaire des roues motrices de sa voiture-
« manége! (*Puis, avec emphase :*)

« Or croire à de telles rêveries... c'est courir après une chimère!.... c'est chercher la
« pierre philosophale! le mouvement perpétuel ou la quadrature du cercle!.... » (Ah! mais!)

(De suite un énergumène de la vapeur se lève pour faire *chorus*! et réplique avec force :)

« Oui! oui!... C'est un utopiste! et peut-être même un *fou* très-dangereux... (pour eux)!

« Il faut lui faire entendre la raison, lui *insinuer* que son moteur ne vaut *rien*! ou le faire
« *interdire* sur-le-champ, et demander son incarcération à Bicêtre!

« (*C'est la moindre des punitions pour avoir voulu être utile à ses semblables.*) »

Voilà la Trilogie des fameux sceptiques qui, voulant faire de l'esprit, disent des sottises qui
sont dix fois plus grosses qu'eux... Ah! si leur jactance ne devait nuire qu'à un seul homme,
ce serait peu de dommage causé; mais l'immense service rendu par la *simple allumette* chi-
mique ne démontre-t-il pas ostensiblement que leur scepticisme *calculé* nuit à tout le monde?
Et même jusqu'à leur propre réputation, puisqu'ils prétendent avoir beaucoup d'esprit.

Ainsi, plutôt d'encourager ses propres compatriotes en leur donnant les conseils suivants :

Vous pouvez arriver à tel résultat, avec votre affaire, en vous y prenant de telle manière.

Puis, cette pièce, ou ce mouvement est défectueux par telle raison ; ou encore : votre appareil est trop compliqué, vous pouvez supprimer la moitié des frottements en reformant cette
pièce, de telle sorte qu'elle puisse faire un double emploi, ou une triple fonction, etc.

Mais non! au lieu d'avis salutaires, pouvant être utiles à l'invention elle-même, et ensuite
aux intérêts généraux de leur pays, que font-ils? Leur trilogie sceptique... qui est *fausse*
comme leur esprit, et *baroque* comme leur sentiment.

Ce n'est donc pas étonnant de voir, qu'en 1864, nous n'avons que 4 découvertes qui nous
appartiennent en propre, quand on rencontre de pareils phraseurs; car c'est une discussion
progressiste qu'il faut, et non pas un dénigrement *combiné*.

Nous ne serons jamais à la hauteur des autres nations, si nous tolérons ces mauvais principes
et cette fausse éducation chez nous. Il faut réformer la science scolastique par une nouvelle
méthode plus logique ; car, si cette méthode eût existé depuis longtemps à Paris, je n'aurais

pas été neuf fois victime de ma bonne foi depuis 15 ans; je n'aurais pas éprouvé les souffrances morales, civiques et corporelles que j'ai endurées pour être utile à tout le monde, et le système hipprômique serait en pleine vigueur depuis 5 ans.

CONCLUSION.

On sait que la mise à exécution d'un nouveau GENRE de chemin de fer est très-grave... Une telle découverte doit être L'ŒUVRE de toute une nation, et non l'ouvrage privé d'un seul homme. Je suis tout prêt à faire profiter mon pays de mon œuvre, pour laquelle j'ai tout *fait* pour la préserver de toute concurrence, comme étant ennemi du gaspillage...

Puis on comprend aussi l'immense responsabilité que je prends, par pur dévouement, d'entreprendre de donner un bulletin de place avec garantie de la vie des voyageurs pour chaque trajet? Ce fait sera constaté par 20 expériences; car, pour atteindre ce but, il faut d'abord :

1° Un appareil qui assure la suppression totale des 330 déreilements par an, dès la première expérience du train modèle hipprômique ;

2° Des organes prouvant qu'on ne sera jamais exposé à une rupture quelconque, et notre premier train-modèle le prouvera d'une manière irrécusable ;

3° Il ne faut *jamais* de rencontre, et le susdit train le prouvera de la même manière ;

4° Il ne faut aucune complication inutile dans la marche des convois, sans quoi, la perturbation existe, et on n'est plus maître du mouvement général des trains.

Or, pour obtenir ce quadruple résultat, que faut-il? Un moteur léger qui soit commodément gouvernable en tous temps et en tous lieux; que ce moteur soit très-économique et facilement *trouvable* partout; qu'il n'exige aucun appareil accessoire, ni pour son mode d'établissement, ni pour le mouvement particulier de ses trains ou de ses véhicules.

Voilà les conditions essentielles qu'un moteur locomobile doit avoir, et le nôtre ne les possède-t-il pas naturellement, puisqu'il n'a besoin d'aucun accessoire ?

Que l'on cherche un autre moteur qui remplisse mieux le but proposé. Est-il possible d'en trouver un *seul* aujourd'hui ? Assurément non. Eh bien! il faut donc l'adopter comme étant le *seul* de son *genre*.

Si donc les Français veulent profiter des *prémices* et de l'arrière-fruit de ses avantages constatés, il faut constituer une commission nationale, composée d'un grand nombre de citoyens choisis parmi les professions qui ont fréquemment besoin de chemins de fer ; et notamment les industriels qui fabriquent des objets fragiles, et, dans ce cas, cette commission émettra son *vœu* sur les avantages du système proposé, et son dire sera pour moi une garantie nationale, qui me permettra de publier tous les secrets, modifications et perfectionnements, déjà préparés pour parfaire l'œuvre hipprômique.

On fera un recueil qui renfermera les noms des membres ainsi que les *vœux* émis par ladite commission, et les modifications qu'elle jugera utiles au perfectionnement du chemin de fer hipprômique.

Ainsi donc, tous les industriels, commerçants, cultivateurs, etc., qui voudraient faire partie de cette commission nationale, peuvent m'écrire (franco) à cet effet; et par leur bon concours, dont la postérité leur saura gré, ainsi que par leur dévouement aux intérêts généraux de leur pays, nous pourrons le doter d'une grande et utile institution véhiculaire !

CLICHY.— Impr. de MAURICE LOIGNON et Cie, rue du Bac-d'Asnières, 12.

TRACTEUR

OU MACHINE MOTRICE DU CHEMIN DE FER HIPPOMOBILE

Lith. Maurce Lesignac, 12, r. du Bac-d'Asnières, à Clichy